北京市美术教育实验教学示范中心教材系列

磁州窑民间制瓷工艺实验教程

韩振刚 主编
胡远 闫保山 编著

安徽美术出版社
全国百佳图书出版单位

图书在版编目(CIP)数据

磁州窑民间制瓷工艺实验教程 / 韩振刚主编；胡远，闫保山编著．—合肥：安徽美术出版社，2017.6
北京市美术教育实验教学示范中心教材系列
ISBN 978-7-5398-5558-5

Ⅰ．①磁… Ⅱ．①韩… ②胡… ③闫… Ⅲ．①民窑—瓷器—生产工艺—实验—磁县—高等学校—教材 Ⅳ．①TQ174.72-33

中国版本图书馆CIP数据核字(2014)第276980号

北京市美术教育实验教学示范中心教材系列
Beijing Shi Meishu Jiaoyu Shiyan Jiaoxue Shifan Zhongxin Jiaocai Xilie
磁州窑民间制瓷工艺实验教程 胡远 闫保山 编著
Cizhouyao Minjian Zhici Gongyi Shiyan Jiaocheng

主　　编：韩振刚
副 主 编：祝立芝
出 版 人：唐元明　选题策划：马　涛　责任编辑：赵启芳
编　　辑：陈　琳　责任校对：司开江　责任印制：徐海燕
策　　划：北京华夏长艺文化传媒有限公司
出版发行：时代出版传媒股份有限公司
　　　　　安徽美术出版社（http://www.ahmscbs.com）
地　　址：合肥市政务文化新区翡翠路1118号出版传媒广场14F
邮　　编：230071
营 销 部：0551-63533604（省内）　0551-63533607（省外）
印　　刷：北京方嘉彩色印刷有限责任公司
开　　本：889 mm×1194 mm　1/16
印　　张：6
版　　次：2017年6月第1版
　　　　　2017年6月第1次印刷
书　　号：ISBN 978-7-5398-5558-5
定　　价：42.00元
网络支持：安徽美术出版社网站（http://www.ahmscbs.com）
媒体支持：《中国书画》

如发现印装质量问题，请与我社营销部联系调换。

总序

首都师范大学美术学院实验中心是北京市美术教育实验示范中心，是北京市重点实验中心建设单位。该中心依托首都师范大学深厚的文化底蕴、良好的校园环境及超一流的硬件设施，从基础资源建设、科研学术立项入手，到实践过程指导、成果整理，形成了一整套实验中心的建设体系。为提高美术学院的教学资源，推动美术学院的特色发展，培养复合型和创新型专业人才，实验中心通过阶段实践，组织教师编撰了这套系列教材，这也是在为完善实验中心的软件设施做积极的努力。

首都师范大学美术学院实验中心成立后，致力于从实践到理论，从特色到发展，努力创建学科体系，完善师资队伍。

这套教材包括：《中国传统版画与现代技术实验教程》《装饰材料的材质表现实验教程》《磁州窑民间制瓷工艺实验教程》《针孔照相机制作教程》《油画风景写生技法实验教程》《当代工笔静物写生与创作教程》《中国民间美术实验教程》《工笔重彩人物技法与材料研究》。教材包含了材料与手工艺制作、绘画基础、民间美术、摄影等。这套教材是一套系列的综合教材，在编写的过程中，编者们态度严谨，学科特色体现充分，注重培养学生的基础能力和创新意识。同时，这套教材有助于提高学生理论联系实际的能力，培养学生分析并解决问题的能力，能够帮助学生掌握科学的实验方法，将基本知识技巧的传授与学生的艺术实践及个性的发展有机地结合起来，最大限度地发掘学生的艺术潜力并培养学生的创造能力。

本套教材从整体上体现了一种新的课程理念——在充分整合学校及学院教学资源的基础上，为本科生开展各类专业实习、创新实践等提供基础性公共平台，促进本科生科研、创新能力和就业、创业能力的全面提升。实验中心遵循教育教学规律，努力培养本科生的专业技能和科研创新意识，不断提高实践教学水平与教学质量。

作为实验中心的负责人，我感谢各位编者能够在繁忙的工作之余抽出时间潜心编写这套教材，同时也感谢各位老师对实验中心建设的帮助与支持。由于编写时间紧迫，编写任务繁重，书中难免会有瑕疵或不尽如人意之处，还望专家及广大读者指正。

韩振刚

前言

陶瓷——China——中国，在外国人眼里，中国就是陶瓷的国度。陶瓷对中华文明的构建的重要性可见一斑。磁州窑民间制瓷工艺则又是其诸多工艺体系中被保存得最为完整、最为原汁原味的非物质文化遗产。

回想起从事磁州窑传统制瓷工艺教学这十几年，磁州窑陶瓷带给我思想上的最大收获，莫过于对“陶冶”二字的不断认知。

“陶冶”源于陶瓷。《墨子·节用中》：“凡天下群百工，轮车、鞼匏、陶、冶、梓匠，使各从事其所能。”陶瓷的生成离不开“制作”和“烧造”。

十年前，为了这“陶冶”，我懵懵懂懂地走进彭城。在那残破的、有着几百年历史的古窑作坊里，黑白纯粹、丰富多样的磁州窑陶瓷即刻吸引了我。无巧不成书，当我提出买点原料回去开展陶瓷教学时，“大师”闫保山先生居然放下手头的画笔说：“好，我带你去！”现在回想起来，真像上天安排好的一样，师傅把我领进了门，自此我开始“陶冶”了。

十年来，我亲手制作的器物不下几千，教过的学生一批又一批。对“陶冶”的认知也随着时间的推移有了新的意味。“陶冶”已不仅是工艺上的制作和烧造，而且是文化上的坚守和自我的唤醒。

《易经·系辞》中说：“形而上者谓之道，形而下者谓之器。”中华五千年的文化都遗存在先人们所创造的物质的和精神的样态中：那深刻的思维意识、人文审美价值的标准、睿智而开放的探索精神、合理而完整的系统表达方式……都给予了我们得以生存、发展的“道”。而陶冶中的文化坚守就在于取“道”。“道”给予我们思想的基础，告诉我们行为的准则，赋予我们“陶冶”的意义。

记得在若干年前的校公共选修课上，一个时尚、有个性的女生郑重地向我提出：“老师，我能不做这些古老、陈旧的坛坛罐罐吗？我喜欢现代的！”课程内容能以你的喜好而随便更改吗？我一时无言以对。随后，她漫不经心地聊着天、吃着东西、脱着泥坯……泥坯成型后她突然说：“我从没画过画，怎么装饰呀？”我说：“‘3’会写吧？围着花心画一圈不就是一朵花吗？注意线要画得圆顺，不要尖利；意在笔先，要写意而不要描。”下课后，当我再次看到她和她做的瓶子时，她因为满意，兴奋地红着脸，激动地要求明天再来做一个。“行！”我高兴而痛快地答应了。第二天她一反常态，背对着大家，也不吭声，像着了魔似的专注地做着……后来在取瓷瓶时，她突然抱着瓶子深深地向我鞠了一躬说：“老师，谢谢您，我在这里不光学会了做陶瓷和绘画，还有太多太多的发现和收获！”

是啊！在人文艺术实验课程的教学中，我深深感到：实验体悟与人文唤醒需要“面对面”的直观面对和“有感而发”的思维关联。“存在决定意识”，在一个真实的文化样态下进行自我意识唤醒的实验与陶冶，对于每个人的人文观照是多么的重要啊！

在“陶冶”中构建素质教育实验课程，实现“陶冶与唤醒”的教学理念，进行思维意识的“实验建构”正是人文艺术实验教学中有待探索、解决的重要课题。经过十年来实验课程开展的积淀，首都师范大学美术学院实验教学中心材料与工艺实验室提出了“人文实验”的教学理念，开展了以非物质文化遗产作为教学内容的人文实验工艺课程，确立了以思维意识建构为核心的创新型人文数字信息实验方式。为了进一步开展人文艺术实验教学，我们将以此次编写教材为开篇，开拓、完善人文实验教学科目，使中国悠久的传统文化成为实验教学课程开展的根基，使人文艺术教育更加深入、更加系统，以便完成历史赋予我们人民教师的光荣使命。

由于篇幅有限，这本磁州窑民间制瓷工艺实验教材的内容大致分为以下几个部分：一、人文体验性实验教学。其中第一章主要内容为磁州窑制瓷工艺的兴起；第二章为传统制瓷材料与工艺概述；第三章为磁州窑制瓷的非物质技艺的实录，构建出人文体验性实验教学的认知体系，从而为大家通过动手体验并了解磁州窑制瓷文化提供了一条路径。二、人文艺术教育理念的探究。其中第四章从人文经历、文化观照、审美认知的构建、守候与唤醒四个方面来综述，通过导入传统文化进行人文艺术素质的培养，指出人文观照的实验教学任务，使学生的人文素质的提高成为实验教学的目的和标准。三、实验教学的准备与实施。其中第五章主要内容为实验室的工艺设备、原料制备、模范制作；第六章为基础工艺学实验，测定陶瓷泥料、釉料的物理、化学特性；第七章为实验室窑炉和热工操作技能。综上所述，内容基本涵盖了磁州窑陶瓷实验教学的全部。当然，由于个人能力有限，知之不多，必有缺失，在这里抛砖引玉，仅供大家参考。

2013 年 1 月于北京花园村

目　　录

磁州窑文化遗存

磁州窑陶瓷在世界各地的遗存依稀传递着一种久远的文化气息。

它们为地处太行滏口陉要隘，南通郑卫，北达燕赵的磁州窑烧造区；它们南邻安阳殷墟，北靠北齐南北响堂山石窟，曾是北齐文化带的中心，有着千年的辉煌历史。（图1至图9）

近百年来，宋代和金代的墓室中出土了大批具有代表性的古瓷器，它们分别被收藏在世界各地的博物馆中。它们有白釉黑剔龙纹梅瓶、题《上诰老》诗四系瓶、黑釉斑花牡丹纹瓶、白地黑花缠枝牡丹纹花口瓶、白地黑花“陈桥兵变”纹长方形枕、红绿彩人物女童像等。磁州窑陶瓷以黑白相间、反衬形成的化妆土装饰艺术风格名扬四海。通过绘填、划刻、剔雕、写意、工笔等手法绘成的图案各具特色，散发着浓郁的民间气息，是对人文生活的鲜活的写照。这些瓷器集制瓷工艺与材料、民间精神与传统书画元素于一体，成为圆润饱满、朴实粗放、自由洒脱、饱含着生活意趣和想象的艺术奇葩。（图10至图15）

图 1 磁州窑观台烧造遗址

图 3 安阳水冶水磨遗迹

图 2 河南安阳水冶早春

图 4 彭城张家楼大青土矿井遗迹

图 5 彭城文昌阁遗迹

图 6 磁州窑彭城“馒头窑”烧造遗址

图 7 北齐 南响堂石窟华严洞主尊佛像

图 8 宋 峰峰临水老爷山摩崖石刻

图 9 北齐 南响堂石窟千佛洞藻井飞天

图 10 北宋 白釉黑剔龙纹梅瓶

图 11 元 题《上诺老》诗四系瓶

图 12 元 黑釉斑花牡丹纹瓶

图 13 元 白地黑花缠枝牡丹纹花口瓶

图 14 金 红绿彩人物女童像

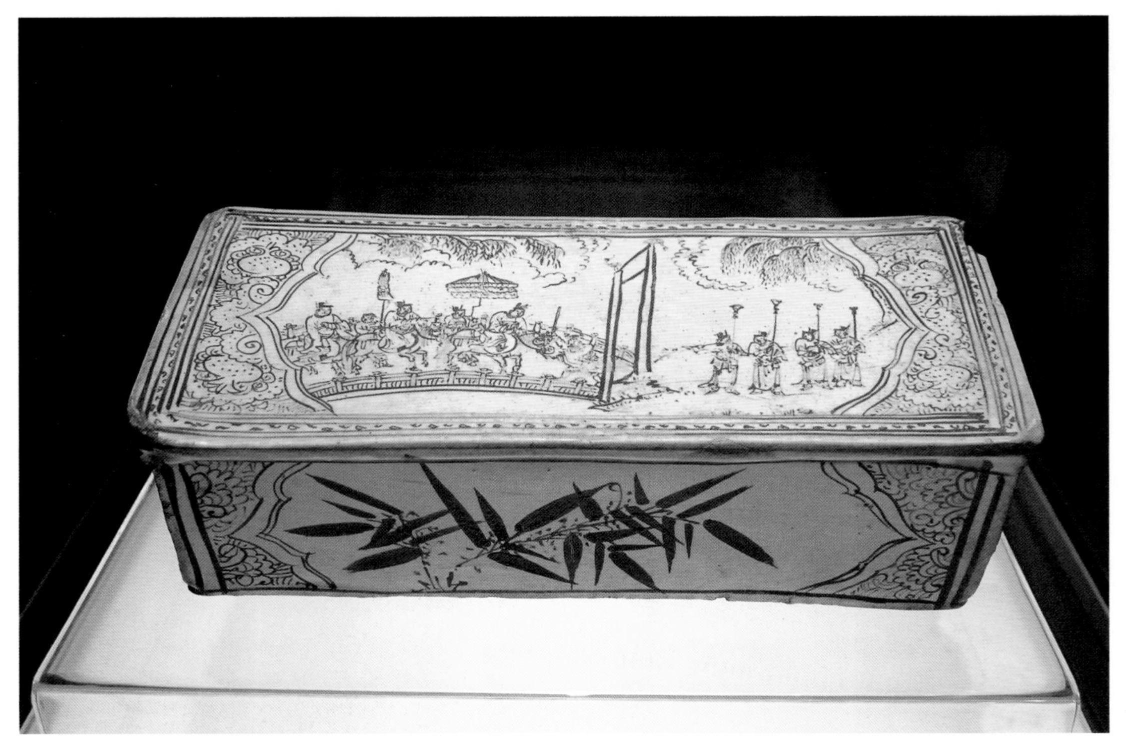

图 15 白地黑花“陈桥兵变”纹长方形枕

第一章　磁州窑民间制瓷工艺的形成

走进磁州窑故地，中华遗风扑面而来，深厚的文化观照让人的心灵得已唤醒。

从出土的新石器时代早期的陶片，到今天的陶瓷烧造，制瓷文化在中华大地上历经万年，源远流长，灿烂辉煌。[1] 这些独特的生产、生活方式反映了过去的人们真实的生活，记载着他们在追求和探索的过程中形成的传统文化和思想。当前，在磁州窑实验教学的开始，引导学生系统地了解磁州窑文化产生的脉络，探讨磁州窑制瓷历史演变的原由，分析民间制瓷工艺方式的成因，对于人文体验艺术实验课程的开展是非常有必要的。为此，我们将从人文构建的视角去概述磁州窑民间制瓷工艺遗存的资讯，从而在文、史、哲等诸方面给学生提供一个大致的轮廓，为其正确地了解磁州窑制瓷文化提供一个全新的视野。（图1－1至图1－4）

图 1-1 磁州窑彭城窑址旧貌

图 1-2 磁州窑贾壁窑遗址

图 1-3 彭城磁州窑古窑作坊

图 1-4 磁州窑富田遗址

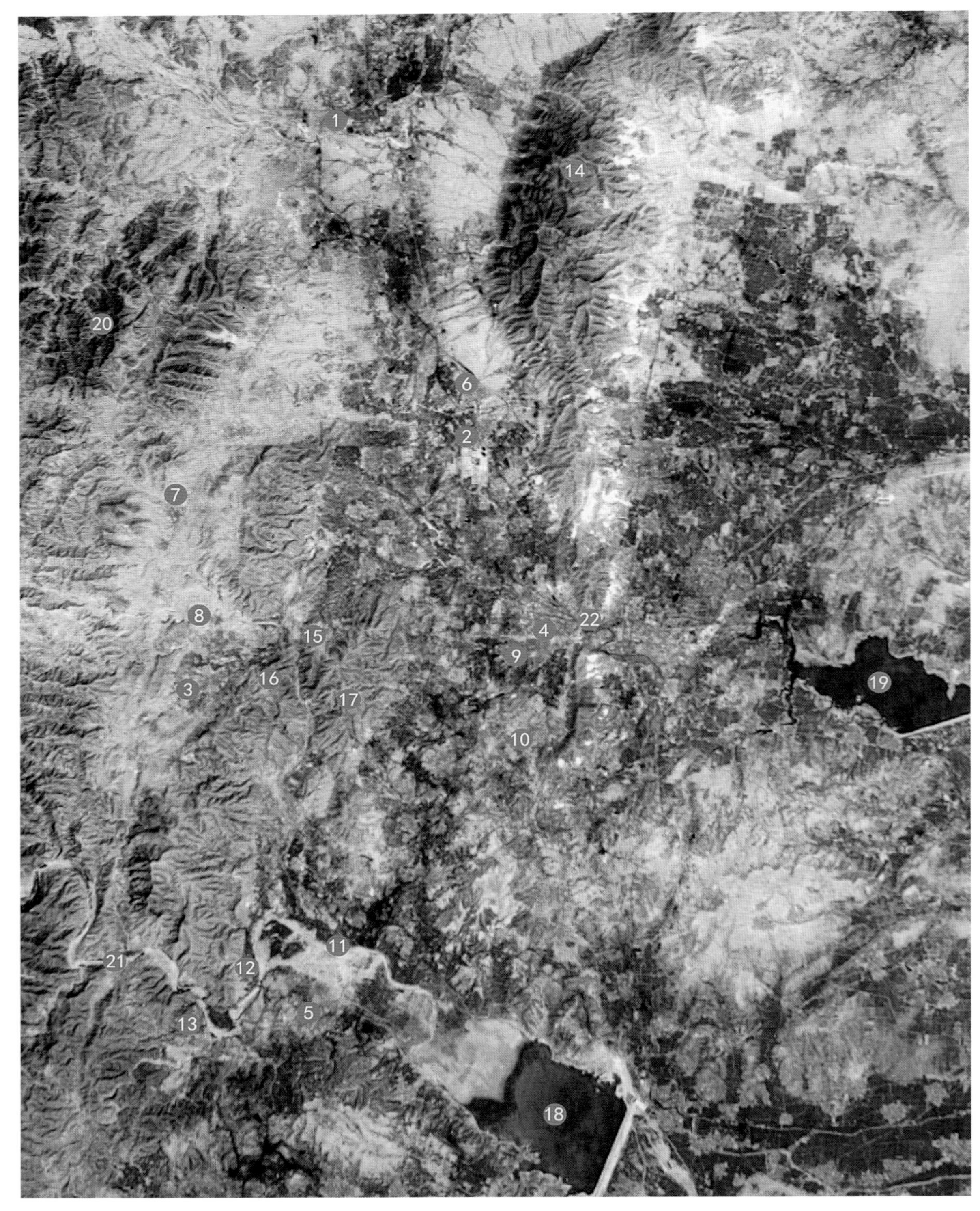

图 1-5 磁州窑烧造遗址地域分布参考图

1. 磁山 2. 义井 3. 白土 4. 彭城 5. 观台 6. 下拔剑 7. 北贾壁 8. 青碗河 9. 豆腐沟 10. 张家楼 11. 申家庄 12. 冶子 13. 东艾口 14. 鼓山 15. 马家山 16. 跑马山 17. 李家山 18. 岳城水库 19. 东武仕水库 20. 太行山脉 21. 西艾口 22. 峰峰

第一节 瓷业的渊薮

《易经·系辞》里面有"仰以观于天文，俯以察于地理"之说。通过卫星拍摄的地形图我们不难发现，自古至今磁州窑民间制瓷烧造的核心区都是围绕着河北省南部，太行山脉东麓的方山、龙凤山、李家山、马家山、鼓山等边缘的山间丘陵地带而发展的。其中北朝贾壁青瓷烧造区的贾壁窑、青碗窑、青碗河窑位于龙凤山脉西侧贾壁向斜（盆地）与方山北白土向斜的山川台地边缘部分，磁州窑观台烧造区的观台窑、冶子窑、东艾口窑、申家庄窑、观兵台窑、荣花寨窑、南莲花窑位于太行山东麓方山与李家山之间艾口向斜、都党向斜的丘陵和台地边缘部分，义井窑、常范庄窑、临水窑、彭城窑、富田窑、河泉窑、二里沟窑的磁州窑彭城烧造区则位于和村——彭城向斜构造的边缘部分。[2]（图1-5）

河北地质矿产局的程在廉先生认为，这些山间丘陵地带是因1亿多年前地壳发生了强烈的造山运动，即所谓的"燕山运动"形成的。巨大的地质应力使厚厚的岩层弯曲并折断，形成了本区一系列南北向的背斜或向斜褶皱构造。这里属于石炭二叠纪煤田或含煤向斜边缘部位，蕴藏着丰富的煤炭和粘土资源，仅峰峰地区被探明的煤炭储量就有80亿吨之多。[3] 而制瓷用的粘土就位于煤层的下方，含麦稽梃花的大青土矿物被称为"伊利石"——高岭石混合粘土或单热水云母质高岭石粘土。其分布广泛，由于产地的不同，外观、性状及用途也各有千秋，以至于有"贾壁软质粘土""峰峰白坩土""张家楼大青土""拔剑大青土"等不同的称谓。其他的制瓷原料也多是以地方命名。装饰用黑釉料是彭城羊角铺的原生黄土；透明釉料是安阳水冶长石；化妆土为彭城义井，上、下拔剑，胡村的碱石；画瓷的彩料则是彭城一带散乱地裸露于地表的褐铁矿物斑花石。

这种丰富的物质资源及得天独厚的地理位置造就了磁州窑陶瓷的基本物质条件，也是先人顺其自然、因地制宜、物尽所用的价值取向和人生观形成的基础。（图1-6）

图1-6 磁州窑观台遗址

第二节 傍水而兴

人类文化的发源多依水而兴。磁州窑烧造区域的不断发展与变迁也同样与水有着密不可分的关系。漳河、滏阳河及上游的支流、泉涌为磁州窑制瓷文化的兴盛提供了丰富的水源保障。

漳河是一条古老的大河，有着4000多年的历史。其最早称“降水（绛水）”，亦称“衡漳”“衡水”，发源于山西省南部的太行山腹地，经太行山西出，跨越山川、丘陵、平原，至磁县东部向北，最后经天津入渤海。漳河素以善淤、善决、善徙，狂放而暴躁的“性格”著称。从公元1368年—1942年这500多年中，光比较大的泛滥改道就不下50次，平均每10年左右发生一次。其改道流向极为广泛：往北决口可与滏阳河合流，往南决口可合安阳河入卫河，自北向南的整个扇形地带都留下了漳河泛滥的痕迹，史称“南不过御（卫河），北不过滏（滏阳河）”。战国传说中《河伯娶妻》的故事，讲述的就是魏国邺县县令西门豹修建引漳十二渠时，在漳河上惩治巫祝、三老、廷掾的故事。[4]（图1-7至图1-12）

滏阳河来自鼓山周边羊角铺泉、晋祠泉、广胜泉、元宝山泉、黑龙洞泉、佛爷怀泉等众多泉眼。滏阳河处于太行山东麓的迎风坡面，仅在邯郸地区就有牤牛河、渚河、沁河、输元河等众多支流。滏阳河道水流量呈上大下小的趋势，从而形成源短、坡陡、流急，洪水峰高、量大的特点。滏阳河属海河流域子牙河系。

从地形分布图上看，磁州窑历代烧造区全都傍依河流。青碗、青碗河及北贾壁的观台烧造区基本聚集在漳河两岸的观台、冶子、东艾口、申家庄、观兵台及支流上游的荣花寨、南莲花村窑口，彭城烧造区的窑口则分布在滏阳河的义井镇、临水镇、彭城镇及附近的多个村庄。

文物考古发现，“1975年磁县南开河村的漳河故道中出土沉船6条、瓷器338件，经鉴定，大部分是观台窑的产品。”[5]“1997年夏，在献县发掘出一条木船，船上装有磁州窑系瓷器。船可能是在顺滏阳河上天津的途中遇难沉没的。”[6]

这些史实分别说明了漳河和滏阳河是孕育磁州窑民间制瓷文化的母亲河，为磁州窑的制瓷烧造带来了充足的水源，同时也为磁州窑的商品集散与运输提供了水道、码头和集镇。当然，河水的汹涌和泛滥也给人们留下了灾难和变迁的记忆。

图 1-7《河伯娶妻》连环画

图 1-8　战国时候，魏国邺县有一道清漳河，流传着给河神娶妻的坏风俗。据说河神喜欢美色，每年必须选一个美女投进河里，不然便有洪水之灾。

图 1-9　新到县令西门豹为了得到当地人民的拥护，将本县的长老请来，调查“河神娶妻”之事。他认清了这种迷信风俗本是人民的大害，决心破除迷信，铲除恶霸，安定地方。

图 1-10　到了河神娶妻那一天，巫祝把农女梳洗打扮后，送到河边，摆上香案，准备投入河中。农女凄凄惨惨，西门豹赶来送行。

图 1-11　西门豹叫巫祝下水去给河神送信，围观的民众非常愤怒，西门豹命令衙役将其推下河去。

图 1-12　随后他又推说巫祝送信久不见返回，又将巫祝弟子、三老也推下河去，至此破了迷信，除了大害。

第三节 历史的痕迹

磁州窑制瓷文化的历史源远流长。随着岁月的淘洗，我们只能在遗存的文物中略见一二。揣摩并联结这些时代的片断，将展现给我们一个文化兴起的基本轮廓，它告诉我们其产生、兴盛的缘由，指导我们以正确的态度去认知并学习。

一、新石器时代早期的陶器

1972 年，居住在鼓山西面的人们意外地发现了 7000 年前的地下原始村落。那次出土的石器、陶器、骨器总计约 4000 件。后经考证，它是新石器时代早期的“磁山文化”遗址。

磁山遗址出土的陶器多数为沙质陶器，少数为泥制陶器，一般采用手工泥条盘筑的方法制作，器形简单。陶器以素面为主，依照形状划分，主要有圆底钵、三足钵、椭圆形陶壶、靴形支架、盂、钵形鼎等。表面装饰主要采用磨光、刻划、排印、彩绘等手法，纹饰主要有绳纹、编织纹、篦纹、乳钉纹等。这些新石器时代早期的陶器制作一般都是“就地取土”。造型注重整体，装饰别致、精美。由于坑穴堆烧致使烧成温度较低，所以陶器质地疏松，易碎。

1975 年，在武安赵窑村东发掘出仰韶文化遗址，出土了 200 余件新石器时代仰韶文化的遗物，有红陶碗、环底罐等陶器，属于冀南地区的后岗类型，距今 5000 ～ 6000 年。此外，邯郸百家村遗址也出土了仰韶文化大司空类型的彩陶和石器。[7]

诸多文化样态的出现表明，磁州窑制瓷烧造历史源于悠久的文化，它承载着古代文明的印迹。（图 1-13、图 1-14）

图 1-13 磁山文化陶盂 1

图 1-14 磁山文化陶盂 2

二、战国“馒头窑”

1956年，在武安午汲古城内发掘出一处有着10座陶窑的战国晚期窑址。陶窑分别属于春秋、战国几个不同的时代。这些陶窑已有固定的窑墙、呈椭圆形的窑室和封闭的窑顶。

这时的火膛已从窑内移至窑外，有固定的进出窑的窑门，窑的后墙有烟囱，下部有出烟口，火焰由远古时简单的直焰堆烧变为倒焰窑烧，窑炉也从1米见方扩大到10米左右见方。[8] 因为窑炉的外形似馒头，故俗称“馒头窑”。在东周至今的2000多年间，磁州窑一直沿用此种形制的窑炉至上个世纪五六十年代。（图1-15）

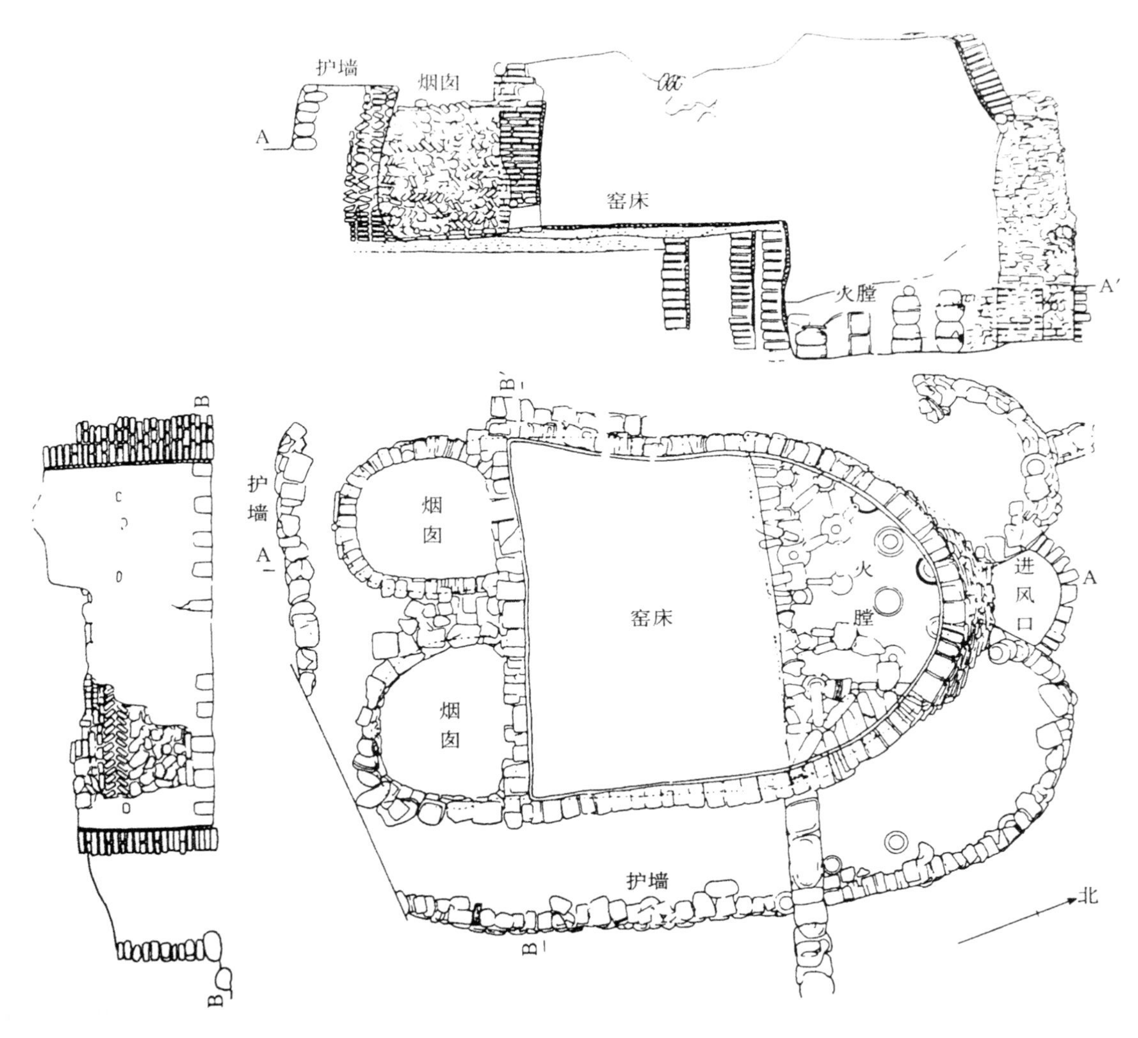

图1-15 磁州窑观台窑址三号窑（Y3）平、剖面图

三、施釉的青瓷

1959年6月，故宫博物院的冯先铭先生等数人在对彭城西部山区进行调查的过程中，在贾壁村寺沟口西约70米的北山坡上发现了青瓷遗址，长达20米。这次调查共采集了青釉瓷片、窑具70件。其中瓷碗的碗胎厚重，多黑色斑点。碗内满釉；外部只施一半釉，呈青褐色；碗底与碗足衔接处有深深的规则轮旋纹；碗心的3个支烧痕为堆烧过程中所形成。[9]

邯郸陶瓷研究所《邯郸陶瓷史》编写组曾多次到贾壁进行窑址调查，发现遗址断层中有厚达30厘米的柴灰，其中夹杂有青瓷残器和支烧用具，但没有使用煤烧造的痕迹。[10]

1975年8月，磁县文化馆在磁县西槐树村发掘北齐武平七年左宰相文昭王墓时，有龙柄鸡首壶、青瓷覆莲罐、青瓷罐、青瓷碗等器物出土。墓志有明确纪年。[11]

同年，在临水镇发现古代窑址一处，出土有青瓷盘、青瓷碗等，其中青瓷碗与磁县北齐左宰相文昭王墓的出土器物极为相似。[12] 这两处出土的青瓷碗均采用化妆土装饰，与贾壁出土的青瓷有明显的不同。

原始瓷和青瓷的出现说明，在北朝及更早的年代，原料的选择、陶窑的改进使无釉的陶器逐渐被施釉的瓷器代替，不仅产生了一个新的材料——瓷，而且还标志着中国制瓷工艺的一个质的飞跃和“青瓷时代”的到来。（图1-16）

图1-16 北朝 青瓷深腹碗

四、“南青”与“北白”

东汉晚期，以越窑为代表的南方青瓷在器型和装饰上已摆脱了开创初期原始陶瓷烧造的影响，形成了具有“陶成雅器有素肌玉骨之象焉”的“还原焰特色青瓷”。

北方的制瓷原料不同于南方的“石英—云母”系瓷，因此陶瓷的质地呈现为以邢窑、巩窑、定窑为代表的氧化白瓷。北方白瓷多为高岭石较多的二次沉积粘土、高岭土、长石所制成，形成了具有高岭、石英、长石三元系的高铝低硅性质、如银似雪的“氧化焰特色白瓷”[13]，打破了青瓷一统天下的时代，形成了中国陶瓷“南青北白”的特色体系。

明代曹昭在《格古要论》中称：“古磁器，出河南彰德府磁州。好者与定器相似，但无泪痕，亦有划花、绣花，素者价高于定器，新者不足论也。”1987 年，北京大学考古系、河北省文物研究所、邯郸地区文物保管所联合对观台窑遗址进行了考古发掘，发现了很多造型、色彩与“定器”相似的薄白瓷器，最薄的有 1.5 毫米至 2 毫米厚，且均不施化妆土，器的硬度、烧成温度较高。这次发掘共出土各种仿定器瓷片 2.36 万片，其中完整或可复原的共 780 余件。[14]（图 1-17 至图 1-20）

以上的史实说明，磁州窑制瓷烧造是在依附、模仿的探索中不断前行的。

图 1-17 宋 龙泉窑青釉葵瓣口碗

图 1-18 唐 定窑莲花瓣刻花纹碗

图 1-19 北朝 青瓷碗

图 1-20 宋 白釉珍珠地划花纹喇叭足灯

五、“化妆土”装饰特色的形成

磁州窑民间制瓷烧造应民间的生活需求而起，制瓷烧造的材料多为就地取材而得。在烧造的过程中，自然材料的特性使得它在“南青北白”的陶瓷烧造演变中处于劣势。它既不薄透如玉，也不如银似雪，虽经人们刻意的模仿与追求，仿青，仿定，仿建，取一时之利，但不能改变其质朴而古拙、憨厚而自在的粗瓷特性。“客观的物质存在如何成为财富”这种物质生活中的愿景，一直是困扰着磁州窑民间制瓷发展的一个瓶颈。纵观磁州窑民间制瓷的历史，“守候与唤醒”的人文精神，“顺其自然”“有感而发”的生活态度使磁州窑民间制瓷化妆土装饰工艺构建上的人文突破成为必然。以“黑白剔划花”为主要装饰特色的磁州窑民间制瓷工艺样态、注重情趣抒发的“铁锈花”写意绘画风格，色彩浓郁的“红绿彩”釉上装饰彩绘等构建了北方民间的质朴而古拙、憨厚而自在的人文品格，形成了千年不衰、独具一格的磁州窑民间制瓷工艺体系，成为中国陶瓷史上具有重要的人文参照指标的经典范例。（图 1-21 至图 1-23）

图 1-22 北宋 白地黑剔牡丹纹瓶

图 1-21 宋 白釉黑花牡丹纹瓶

图 1-23 红绿彩文人棹屏“独占鳌头，状元及第”

第二章　磁州窑民间制瓷材料与工艺概述

磁州窑民间制瓷文化是对几千年来流传于北方民间的制瓷方式的概括和总结。将磁州窑制瓷文化样态导入到人文艺术教育的课堂上是我们的一次创新与尝试。为此，我们认为在了解材料与工艺的同时，提纲挈领地将材料的认知与选择、工艺的安排与创建的思维模式简要罗列，有助于我们全面地学习、了解独特的磁州窑民间制瓷工艺。（图2－1至图2－4）

“顺其自然，有感而发”的思维方式构建了磁州窑制瓷材料与工艺的思维体系，它的思维基础源于：

其一，制瓷的黏土、丰沛的水系、蕴藏的煤矿等得天独厚的自然条件是磁州窑文化思想产生的物质基础。

其二，以中原地域文化为主的中华文明为磁州窑制瓷文化的产生提供了深厚的文化底蕴和思想源泉。

其三，民间追求美好生活的愿望激发了人们广泛、深入的制瓷实践热情，并为磁州窑陶瓷提供了广大的物质与精神产品的消费市场。

图 2-1 传统人工练泥技艺“踩莲花”

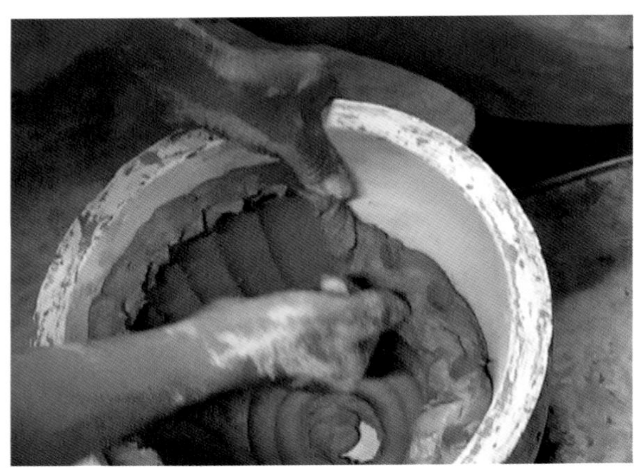

图 2-2 传统模范成型工艺“脱坯成型”

图 2-3 传统化妆土装饰工艺“铁锈花”

图 2-4 传统烧制磁州窑陶瓷的“馒头窑”

第一节 制瓷原料

一、大青土

制坯粘土原料，分布广泛，以峰峰、张家楼、拔剑等产地的最为著名，呈灰蓝色，为半软质粘土。

其生于煤层之下，略呈岩状，质疏松，含植物化石痕迹及植物根系痕迹，纵横交错，当地称含麦稽梃花为大青土的外观表征，矿物名称为“伊利石、高岭石混合粘土岩”，或称“单热水云母质高岭石粘土岩”，是磁州窑制碗、盘、瓶、盆等使用的主要粘土原料。[15]（图2-5）

二、化妆土

又称“碱石”，产于彭城上拔剑村，为青白色粘土，质坚硬，呈块状，断面呈贝壳状，矿物名称为“高岭石粘土岩”，氧化铁含量低于1%。由于化妆土材质较硬，须加水用石碾轧制成粗细均匀的泥浆（细度在0.01%以下）[16]，储于旁边的灰坑中备用。（图2-6）

三、透明釉

产于安阳水冶镇的钙长石，呈白色，间带黄斑，烧成后形成透明釉层。矿物成分有白云母、长石、少量石英及碳酸盐。[17]对于透明釉的加工，过去是利用水坝将水由高向低导入涵洞，以产生动能推动其上方的石碾运转，将含水的长石碾压成釉浆，磨好的釉浆被导入旁边的釉浆池过筛、贮藏。

四、黑釉土

产于彭城羊角铺，位于地表以下几米处的黄土层，以颗粒细、色发白或淡黄者为优，氧化铁含量可在3.9%～4.6%之间，矿物名称为“粉砂质伊利石粘土岩”，经淘洗后可用作黑釉的熔剂。[18]（图2-7）

五、斑花石

产于彭城黄土岗，由褐铁矿和少量赤褐色铁矿组成，铁含量在49%～70%之间[19]，主要用作磁州窑陶瓷的铁绘色料，其天然矿物的料性决定了斑花装饰的效果。

图 2-5 大青土原矿

图 2-6 化妆土原矿

图 2-7 黄土原矿

几种主要原料的物理性能及化学成分见表一、表二[20]。

表一

名称	可塑指数（%）	干燥收缩（%）	烧结温度（℃）	用途
大青土	7.48～9.54	3.72～4.00	1100～1360	日用陶瓷坯料
三节土	7.20～12.41	2.80～7.20	1100～1360	坯料或匣料
缸土、笼土	9.65～17.28	2.80～6.24	950～1360	缸、盆、匣料
碱石		3.00～3.12	1100～1360	白化妆土

表二

名称	产地	灼减	SiO_2	Al_2O_3	TiO_2	Fe_2O_3	CaO	MgO	K_2O	Na_2O	总量
大青土	义井	7.44	67.65	21.94	0.77	1.23	0.17	0.73	/	/	99.98
	东艾口	12.59	48.14	35.73	0.68	0.29	0.28	0.28	0.10	0.10	96.68
	彭城镇	10.29	58.87	27.21	1.19	1.54	0.62	1.01	1.25	0.00	99.89
三节土	彭城镇	14.31	45.27	37.51	1.14	0.67	0.39	0.93	/	/	100.22
缸土	彭城镇	9.80	57.92	25.41	0.74	3.03	0.56	0.60	/	/	98.10
	北大峪	7.55	61.15	24.40	0.89	1.54	0.22	0.77	/	/	96.52
碱土	北大峪	14.02	43.13	40.93	0.34	0.5	0.32	0.40	/	/	99.71
	磁县	14.04	45.14	37.48	0.80	0.84	0.74	0.70	/	/	98.74
	拔剑	14.11	44.74	37.62	1.44	0.14	0.67	0.89	0.40	0.05	99.56
黑釉土	彭城镇	9.05	58.41	12.27	0.55	4.55	8.13	2.46	2.25	1.80	99.46
黑釉土	彭城镇	6.96	62.43	11.15	0.90	4.12	7.91	2.54	2.16	1.65	99.81
黑釉土	彭城镇	8.23	60.90	13.95	0.60	2.51	6.54	5.08	0.48	2.23	100.68
水冶釉	安阳	1.69	68.26	16.95	0.23	0.24	3.59	1.24	0.55	6.95	99.70
	安阳	2.01	67.46	17.04	0.25	0.33	4.51	1.59	0.60	6.20	99.99
斑花石	拔剑	10.24	9.80	2.65	0.63	75.60	0.24	/	/	/	99.16
	河南	1.88	17.54	0.65	1.58	77.80	0.24	/	/	/	102.11
黑釉（二厂）		9.69	55.53	14.47	0.60	4.58	6.92	3.46	1.68	2.46	89.70
			61.90	16.13	0.67	5.12	7.71	3.85	1.87	2.74	99.39
铝釉		10.05	58.02	12.25	0.41	1.82	8.95	4.44	1.71	2.56	100.21

第二节　制瓷工艺

磁州窑陶瓷的成型方式多样，但以拉坯成型和模范成型为主。

一、拉坯成型

拉坯成型的方法适用于碗、盘、瓶等圆形器物的制作。

古时，先人用石轮旋转拉坯成型。其石轮形状犹如北方农村常用的石碾盘，直径为50厘米至60厘米，厚度为20厘米左右，石轮上方边缘有洞，石轮与地平置，地下立柱顶端承一瓷碗为轴。工人坐在石轮后，两腿岔开，将木棍插于轮中石洞拨轮旋转；这时将泥料放置在石轮中心，用手挤压泥料并扶正；接着，将右手大拇指搭在左手背上，里手外扒，外手护坯向上拉伸使其呈筒状；然后，将一块陶瓷制成的样板搭在泥坯内测，使泥坯在旋转中逐渐成型；最后，用细线割坯，用左手手指叉起泥坯成活。（图2-8）

图 2-8 拉坯成型

二、模范成型

模范成型的方法多适用于民间实用器具的标准化生产。其成型方式包括脱坯模范成型（图2-9）、注浆模范成型、印坯模范成型等。罐、坛、瓶、壶、枕、笔砚、羹匙、玩具等异形器具的制作同样适用于模范成型。

古时，磁州窑陶瓷的模范制作是由手工拉坯成型后，对其进行素烧以制成母范，然后用泥坯翻制成泥制阴模，经过素烧后，制成具有孔洞吸水特性的陶模，在泥坯制作中依素烧陶模脱坯成型。

模范成型的方法是：用手将泥拍成饼，使其贴附于模范内；接着用手攥泥依模范挤压，将其与模子贴实，当上下模中泥坯制作完成后，将两个分开的模合在一起；稍后，模中泥坯表面的水分被吸收，使泥坯收缩脱模。

图 2-9 脱坯模范成型

三、干燥

磁州窑的陶瓷制作方法与其他地方有所不同，因为磁州窑采用的制瓷原料完全源于自然。因此，为了使多种天然原料在工艺制作中收缩匹配，磁州窑制瓷采用了独特“湿做法”工艺。在当地，人们一般在半地下、斜堆的拱形窑洞中进行制瓷，其作用在于使泥坯的干燥不受气候的影响，自然阴干。制胎、装饰、施釉等诸工序在一个基本恒定的环境中进行，以防其在制作中出现因收缩过快或过慢造成结合不佳、龟裂等现象，减少泥坯成型干燥中出现的问题。

四、修整

修整是制瓷成型的重要一环，所有的毛坯只有经过修整才能成活。

泥坯修整的基本过程是：在石轮上放置泥制的修坯台，将成型的泥坯倒置着放在上面，进行坯体底部及下半部的修整；然后，取下修坯台，将泥坯在石轮上摆正后，修整坯体上半部；接着，粘接瓶嘴或者瓶系、把手等。要对开口的坯体做里外修整，其操作步骤大致为：粗修、细刮、补水、粘接、修整等。（图2-10）

图 2-10 修坯

五、装饰

磁州窑民间制瓷工艺中最具显著特色的是化妆土的装饰工艺。由于制坯的大青土烧成后呈现暖黄色，且质地粗糙，所以在泥坯的装饰上施浇化妆土（又称“白碱”），既可增加坯体的白度，又可在白色化妆土层进行装饰绘画和剔划制作，这种方法又称“白剔划花”。

化妆土的具体装饰过程是：先将修整好的泥坯倒置，左右晃动以倒出修整时遗留在坯体内的碎屑；接着，双手捧住泥坯肩部，将瓶嘴浸蘸在装有化妆土浆的容器内；然后，用带嘴的舀子盛化妆土浆浇淋放置在手轮上的坯体，待化妆土湿而不粘手时即可进行剔划和绘画装饰。

剔划装饰的工艺手法有：白划花、剔划花、珍珠地、铁锈花、梳篦纹、铁绘填涂，等等。

白剔划花装饰是使用一头尖、一头扁的竹制工具，根据图案的图地关系在坯体的地子上进行剔划的装饰手法。

珍珠地装饰是使用尖头的竹制工具，根据图案的图地的主次关系在坯体的地子上划仿珍珠状圆圈的白刻装饰手法。

铁锈花装饰是用毛笔蘸斑花石色料，用写意的方式涂画于浇好白碱的坯体上，画面的内容有人物、山水、花鸟、书法，也包括有寓意的纹样和图案。

梳篦纹装饰是一种随性产生的装饰手法。古时妇女梳头用的梳篦可以在陶瓷装饰制作中任意划出独特、偶发的排比纹样，这种纹样概括而生动。

黑剔划花纹饰的具体装饰手法与白剔划花纹饰基本相同。不同的是，此时浇淋在坯体上的不是白碱，而是烧成黑釉的黄土，装饰剔划工艺是在浇淋的黄土上进行的，装饰手法有黑划花、黑剔花、斑花等。黑划花、黑剔花装饰也是用尖头的竹制工具，根据图案的图地的主次关系在坯体上进行剔划装饰的。

斑花装饰是在施了黑釉的坯体上，用毛笔饱蘸斑花石色料进行图案写意勾填的装饰方法，以形成黑里透红的斑花形态。（图2－11）

图 2-11 装饰绘画

六、施釉

磁州窑的釉料使用的是安阳水冶长石，简称“透明釉”。磁州窑陶瓷黑白施釉的方法虽然大致相同，但具体操作略有不同。

施白釉的方法是：在采用白化妆土进行装饰绘画或剔划后，待略干时，用板刷将剔划遗留下的碎屑和剔刻隆起的支点清除干净；再用双手捧住坯体的肩部，将瓶嘴浸蘸在装有透明釉的容器内；接着，用舀子盛透明釉浆浇淋放置在手轮上的坯体，待透明釉不粘手时，轻轻将施釉后的坯体推离手轮；随后，轻捧坯体足圈部将其放置在窑房处，阴干待烧。

黑釉的坯体因为在装饰前已被施黄土黑釉，所以现在无需浇釉。但是由于剔划装饰时已将图地的釉料剔除，这时，就需要在其上进行填釉。黑剔填釉的方法是：将剔划的坯体横放在海绵制作的软垫上，左手将坯底足轻轻托起，右手执毛笔饱蘸釉料后，将笔尖垂直在釉液面上转动，使釉料水平、均匀地填满在剔划的图地上；当在坯体顶面从左至右一线填好后，将坯体向前旋转，使未填釉料的图地水平向上，接着，继续从左至右一线填好透明釉，直至转动一周填釉完成。（图2-12）

图 2-12 上釉

图 2-13 馒头窑

七、烧成

传统磁州窑民间制瓷工艺烧制是通过馒头窑，用煤作燃料，在氧化气氛中完成的。其过程包括装窑、烘窑、烧窑、保温、冷却、出窑等步骤。每次烧窑日分3班，约80个小时才能烧成，加上冷却、出窑，每窑烧成时间为两周有余。（图2-13）

第三章　磁州窑民间制瓷工艺技法

磁州窑千年不断的窑火是通过“艺以人传”的方式而生生不息、薪火相传的。传统的制瓷工艺则记述着先人认识自然、把握规律、描写生活、创造文化的思维历程。俗话说“行行出状元”，制瓷人的技艺、品行、态度、认知无不是我们前进中的阶梯、思想上的楷模、人文艺术经历和实验课程教学开展的理论参照。我们要永远记住他们的音容笑貌，我们要永远感恩他们给予的文化传承，我们要继承他们的衣钵，将灿烂的中华文明发扬光大。（图3-1至图3-4）

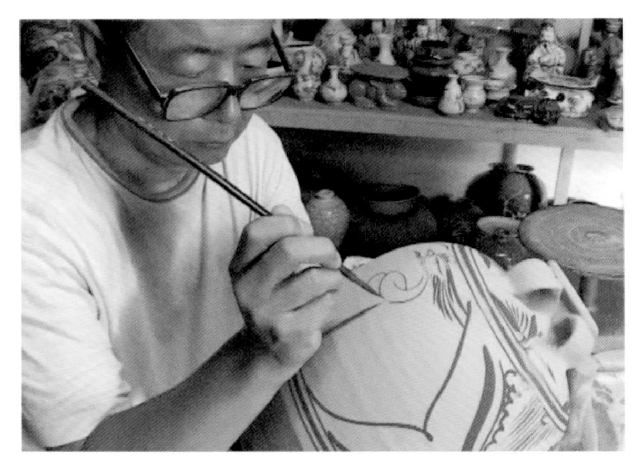

图 3-1 中国磁州窑陶瓷艺术大师闫保山正在进行装饰绘画。

图 3-2 张生广大爷在脱坯间隙与同学们交流。

图 3-3 孟明德师傅在拉坯成型。

图 3-4 张振明先生在向大家传授“菊花揉泥”技艺。

第一节　练泥

一、踩莲花技艺

古时，磁州窑民间人工制瓷的练泥方式是：

练泥时，将泥料用水沁泡、铲切、摔拍后沿泥料边缘逐渐向中心踩踏，使泥料中的空气排净，结构致密，直至泥料达到既湿润又不粘手、既柔韧又挺立的状态。这种省力、便捷，踩练中泥料形似莲花的练泥方法，古时叫"踩莲花"。（图3-5至图3-12）

图 3-5 用水在陈腐、干燥的泥料上淋洒，使粘土沁湿、泡透。

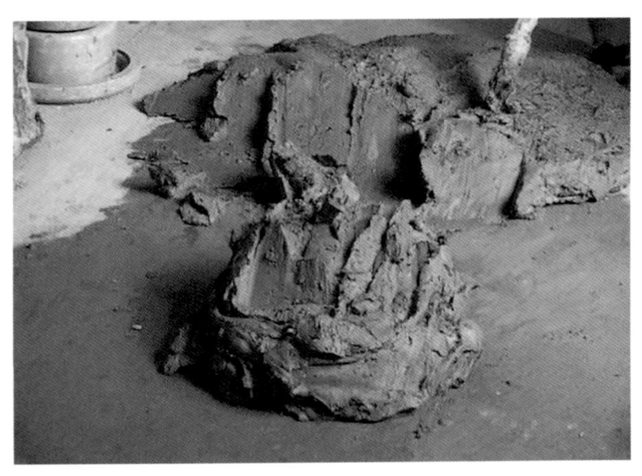

图 3-6 用泥铲从泥堆的前端铲切。铲切下来的泥料要均匀、要薄，以便将泥料中的硬块切碎。

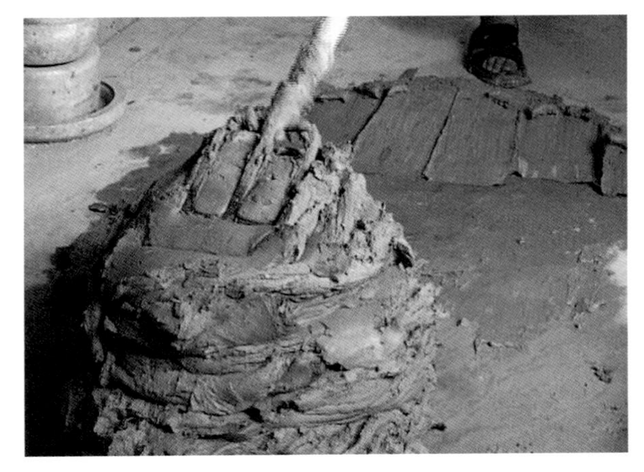

图 3-7 用力将铲切下来的泥料拍打并堆砌。

图 3-8 经铲切、拍打后堆放在一起的泥料。

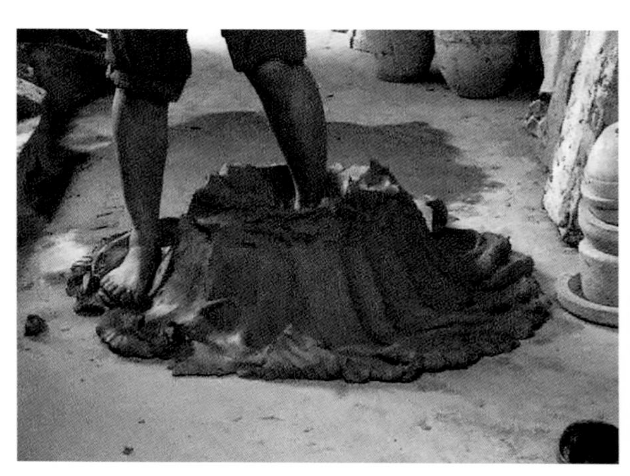

图 3-9 左脚踩在泥墩中央，右脚的内侧依次地由上向下围绕中心旋转着蹬、滑、踹泥墩侧面的粘土。

图 3-10 在不断的蹬踹运动中，虚堆的泥料逐渐变得致密、柔韧。

图 3-11 最后，泥料似莲花一样摊开在地上。

图 3-12 经过以上多次的水沁、铲切、摔拍、踩练，泥料内外软硬一致，湿润、柔软而不粘手，堆砌后可以“站立”。

二、菊花揉泥法

踩练好的泥料还需要被进行揉练。古称“菊花揉”的手工练泥方法是在将泥料循环下推、旋转压揉的过程中，由表及里地将泥料中的气体、间隙进一步排除，使泥性逐渐趋于一致，以便为下一步成型做好准备。（图3-13至图3-20）

图 3-13 将踩练好的粘土拍打、擀揉成泥柱，双手抓住泥柱头。

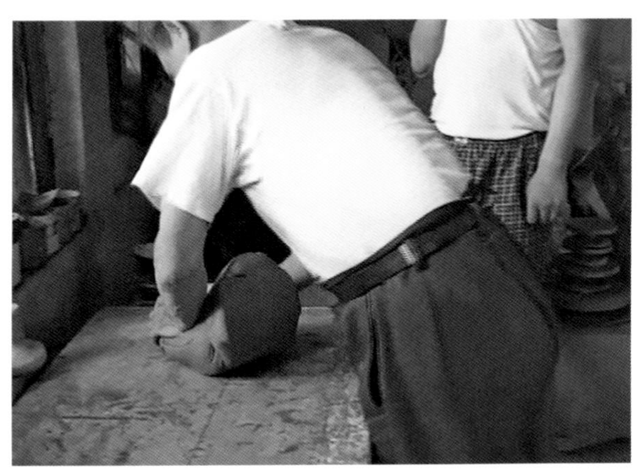

图 3-14 利用双臂下落的重力将泥柱头向斜外下方推压。

图 3-15 向上拉起泥柱头并向后稍做旋转。

图 3-16 向斜外下方继续推压。

图 3-17 在如此反复的旋转移动的擀压中，泥料呈菊花瓣状叠压并逐步旋紧，直至被揉练在一起。

图 3-18 右手顶住扇形泥片的根部并以其为轴，左手将扇形泥片依轴擀压，使之卷曲。

图 3-19 双手将卷曲的泥片依轴连拍带擀，使其逐渐卷成泥柱。

图 3-20 双手用力将泥柱向下边擀，边推边卷，将泥柱擀实，卷紧，待用。

第二节 成型

一、拉坯成型方式

拉坯是一种古老的陶瓷制坯成型方式，它由扶正、做底、拉高、造型等一些基本步骤组成。由于器形多样，拉坯的手法及步骤组成也略有不同。这里以梅瓶拉坯制作为例：（图3-21至图3-32）

图 3-21 双手蘸水，两手将泥柱抱实并向中心挤压，随转动逐渐将其向上端稳，反复多次，直至将泥团扶正。操作时应注意，在泥团向上转动的过程中，加水、用力要适当，否则，会因泥料未充分活动开，双手抱泥时形成的摩擦阻力过大而造成泥团扭曲变形。

图 3-22 右手护坯，左手掌于泥团中央下压做底。

图 3-23 双手上捧，使泥饼逐渐呈直筒状。

图 3-24 左手靠泥，右手拇指抵住左手，其余四指与左手配合，抓住泥头，逐渐将泥拉高，使其呈筒状。

图 3-25 左手托住泥坯，右手在运动中将其上拉并擀顺。

图 3-26 逐渐将泥筒拉直、做薄。

图 3-27 双手里推外蹭使泥坯逐渐成型。

图 3-28 左手中指护坯，右手里蹭，双手运动，将泥坯肩部慢慢收口。

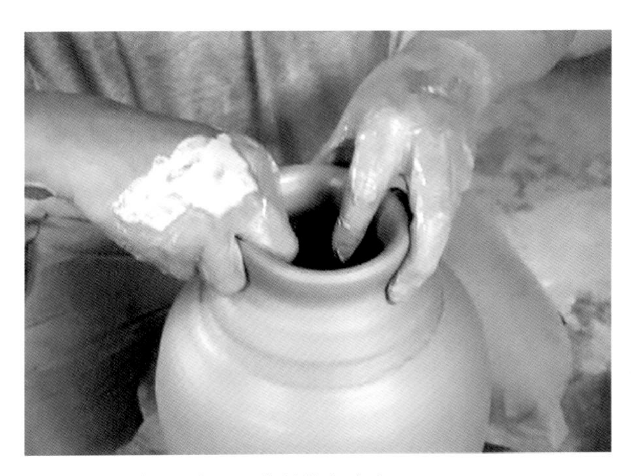
图 3-29 双手抓住瓶口，将其均匀内缩。

图 3-30 左手护瓶嘴，右手无名指轻蹭瓶嘴根部并与坯体成直角。

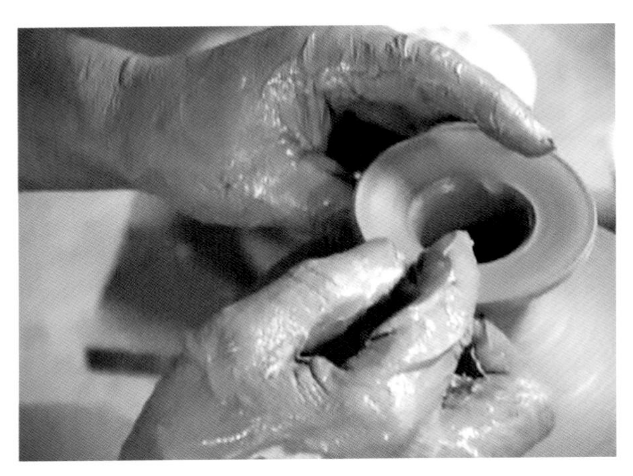
图 3-31 左手轻掐瓶嘴中部，右手食指由内向外轻搭瓶口，使其平铺成形。

图 3-32 用细线搭住泥坯根部，在泥坯旋转的同时割坯完活。

二、脱坯成型方式

脱坯成型是磁州窑民间制瓷工艺中的一种独特的手工成型方式。其工艺由摔、拍泥片，平铺，提拉贴紧，捋实成形，合缝成坯等工序组成。其利用合模时的脚踩压缩拔除封口泥团，使泥胎内的气体急速地由瓶口溢出，形成负压合缝，又称“膨口”。（图3-33至图3-52）

图 3-33 先用干海绵将整套石膏模内部擦拭干净；然后，将石膏模的下模放在手轮上，旋转后用双手把正。

图 3-34 右手反复抓泥，并将右手的泥料摔拍在承接泥料的左手上。

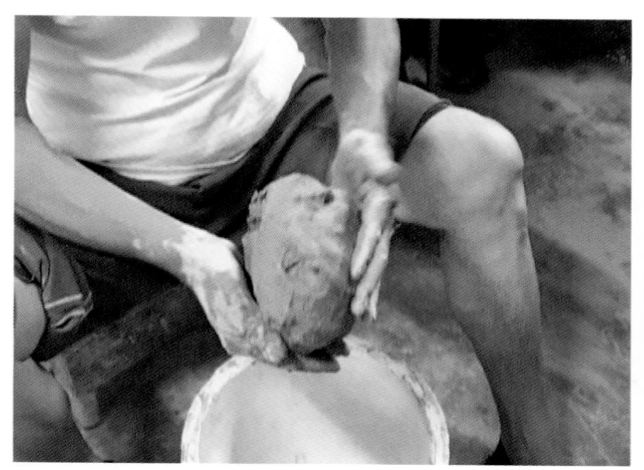

图 3-35 用双手合拍泥料两侧，使其在旋转中成团。

图 3-36 双手从里向外拍打泥团上下部，使其逐渐形成中间薄、四周厚的圆形泥饼；然后，将泥饼轻放在模范中，并用食指将泥饼中央钻透，以便使泥饼被放入石膏模内时封闭空间中的空气溢出。

图 3-37 左手向前轻推模范，右手在轻微的提拉中使泥饼底边角与模范底边角充分接触；然后，将一小块泥放在泥饼与母模底边角的连接处做加厚和润滑，右手四指前端与其底边成45度角，以泥蹭泥的活动方式将泥坯底边角腻实。

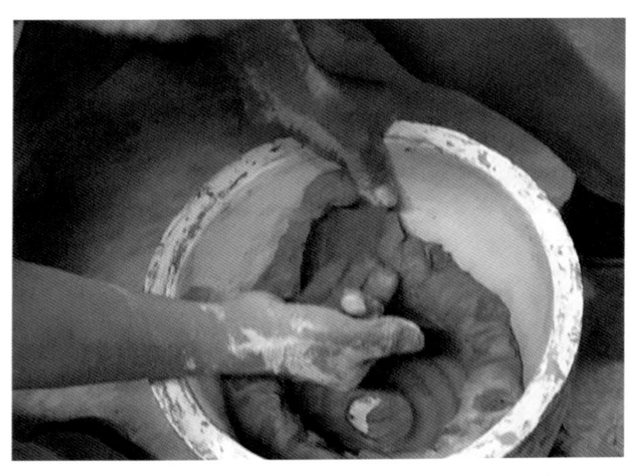

图 3-38 左手抓住母模上沿，用右手后三指将泥饼周边泥料向上提拉；同时用左手拇指向下挡住泥头，使其上提的泥头齐整。

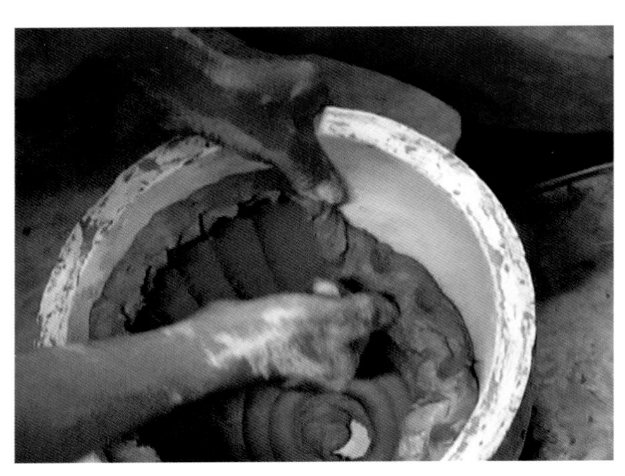

图 3-39 依次将泥饼拉高，使其平铺在母模中。

图 3-40 在旋转中用手指前端将泥坯上端的泥片按实，使之与模范内壁贴实。

图 3-41 双手合力，左手旋转石膏母模，使之向前运动，右手拇指与中、食指捏紧，用食指侧由下向上、自前向后旋转并碾压泥坯，一直将泥料旋压至突出石膏母模口上沿约 6 毫米处为好。注意泥料不得突出于石膏模上口端面，以免泥料迅速硬化，不宜粘接。

图 3-42 用一团泥将坯体根部补齐并对其进行捋压，使之贴实。

图 3-43 左手用力将石膏母模向后旋转，右手拇指摁食指，依势用食指外侧将泥坯底部碾压平整；用右手手指自底向上依次旋转，以整理泥坯内部，使其上下厚薄均匀，厚度在 8 毫米与 10 毫米之间；此时，模范也在捋压中依次贴实。

图 3-44 在下模泥坯脱胎制作完成后，先用双手拇指内侧向内将泥坯上沿逐一推离模范，以防泥坯口沿泥料干燥得过快，不利于上下模内泥坯的粘接。

图 3-45 上、下模泥坯制作在开始时基本相同。先将泥料拍打成泥团，再制成泥饼；然后轻轻地将泥饼端正地放在上模中。

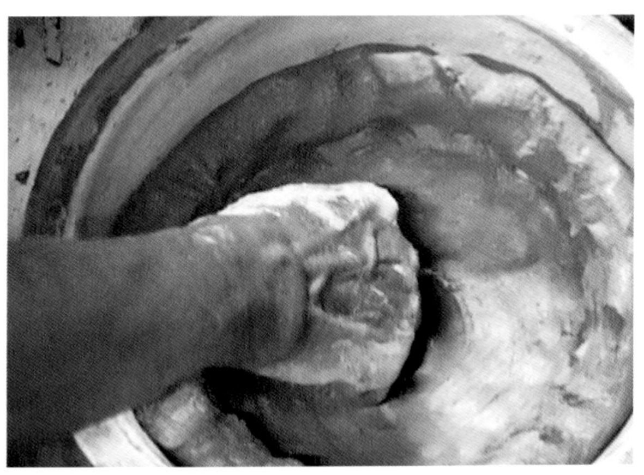

图 3-46 用右手四指轻轻地将泥饼与石膏模范杵实。

图 3-47 用右手指将覆盖在上模孔口的粘土捅透、旋齐；接着，右手从孔洞边由里向外将泥坯旋转、贴实，拇指与食指依模将泥坯上边沿的存泥按压、铺平，待粘。

图 3-48 将之前推离母模口沿的泥坯依模贴实。

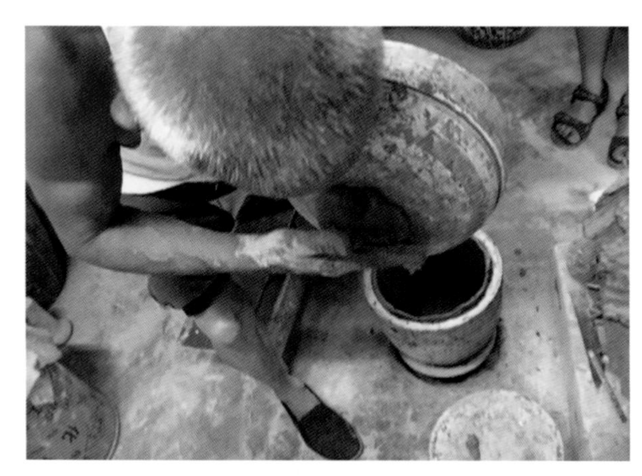
图 3-49 用一团粘土在模外将石膏模上孔口封住。

图 3-50 将上下模对准，双手把住上模轻轻摁紧。

图 3-51 左手按住石膏模，右手抓泥，用脚轻踩。

图 3-52 在脚踩的同时，右手将封在孔口的泥团拉开，此时，利用模内的负压将泥坯粘合。

第三节 修坯

一、修坯刀的磨制

修坯刀为铁制。修坯前需用钢锉开出略为翻转的刃口方能进行修坯。（图3－53至图3－57）

图 3-53 将修坯刀口朝外，用锉刀将刀口挫至平整。

图 3-54 左手的食指与拇指抓住修坯刀柄，将刀背朝上，使之斜靠在桌角边缘；然后，用锉刀将修坯刀背磨光。

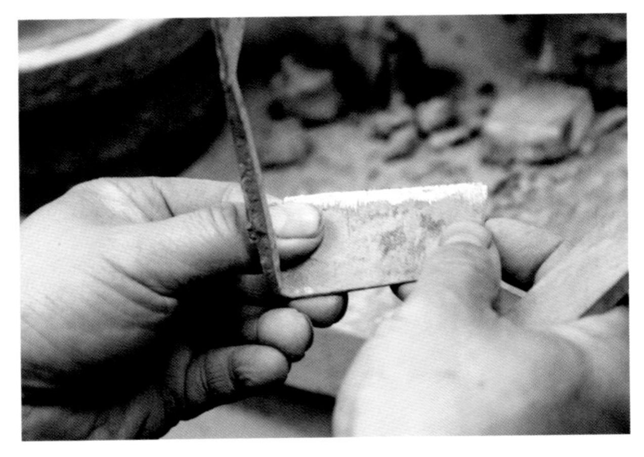

图 3-57 已磨制完成的修坯刀口。

图 3-55 左手攥住修坯刀柄，将修坯刀内刃斜搭在桌角边缘；用锉刀平锉，将修坯刀口磨出斜边。

图 3-56 左手攥住刀柄，使刀口向上；右手攥住锉刀，用锉刀端面向内斜捋锉刀刃口，使刀刃内卷。

二、修坯

成型后的泥坯还需要经过粗修、精刮、补水、粘嘴、修口等工序。（图3-58至图3-77）

图 3-58 按惯例，修坯应先修坯底，再修坯体。所以，在修坯前应将修坯台放在拉坯机上并摆正。

图 3-59 将待修的泥坯倒放在修坯台上，在拉坯机旋转的同时，将坯体依中心上下扶正。

图 3-60 左手轻扶坯体，拇指尖靠住修坯刀前沿；右手用修坯刀直面刮修坯底。

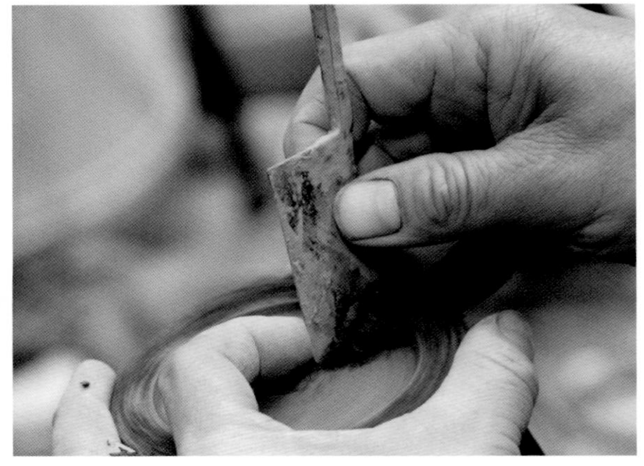

图 3-61 将修坯刀竖起，用刀前端的平面修刮出坯体底足。

图 3-62 修好底足后，右手持刀，左手抱坯粗修坯体，调整好修坯刀的角度，由上而下顺形旋修。

图 3-63 粗修后，用不锈钢片精刮坯体。

图 3-64 精刮泥坯后，用海绵蘸水擦拭泥坯以补水、腻痕。

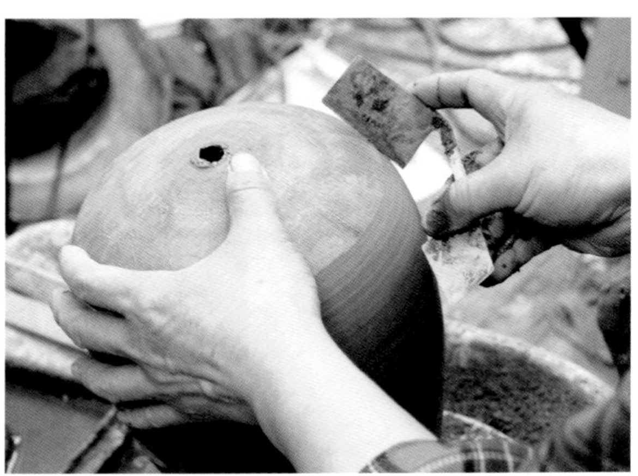

图 3-65 倒置修坯后，将泥坯正置摆放在拉坯机中央并扶正，左手抱坯，右手持刀粗修泥坯上部。修坯时，注意双手拿稳修坯刀，持刀的角度、吃刀的深浅要与拉坯机的转速匹配，从上至下顺势用刀粗修泥坯。

图 3-66 用不锈钢片顺势精刮修坯。

图 3-67 用蘸了水的海绵从上至下均匀地擦拭泥坯以补水。

图 3-68 在泥坯的旋转中用泥刀居中划线，为瓶嘴的安装定位。

图 3-69 用毛笔蘸泥浆，使待粘泥坯湿润。

图 3-70 轻轻地将泥浆堆砌在瓶嘴底面。

图 3-71 将泥嘴与坯体粘接并摁实后，用手指将挤出的泥浆沿瓶嘴抹顺。

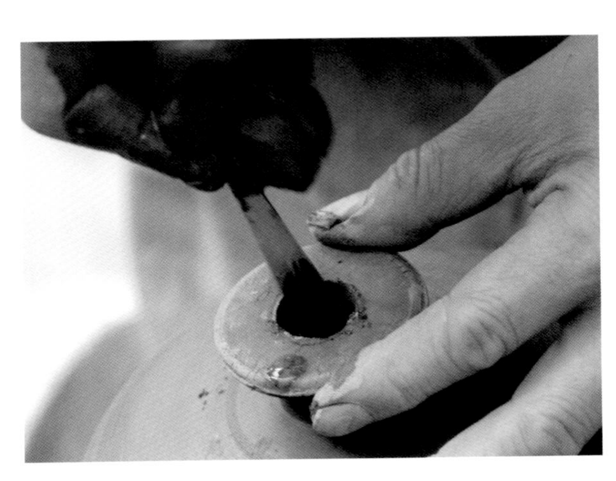

图 3-72 用泥刀修刮泥嘴内腔，使之顺滑。

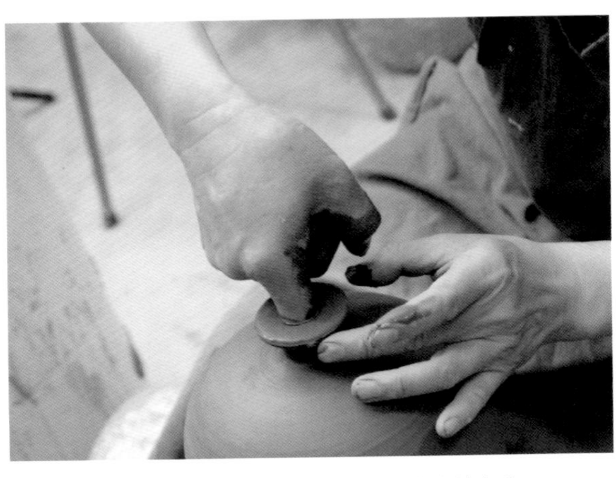

图 3-73 用手指蘸泥浆粘补瓶嘴内腔与坯体的结合处。

图 3-74 用修坯刀修整瓶嘴外形。

图 3-75 修坯完成后，再次用蘸了水的海绵擦拭泥坯以补水。

图 3-76 用海绵从上至下为泥坯整体补水，并擦拭泥坯。

图 3-77 最后，用塑料袋将泥坯罩好使之保湿，以备装饰之用。

第四节　装饰技艺

一、铁锈花写意装饰风格

铁锈花写意装饰是磁州窑装饰工艺技法之一。它以当地的斑花石为画料，以写意的方式在上好化妆土的坯体上绘制出图腾纹样，以表达人们美好的追求和愿望。（图3-78至图3-93）

图 3-78 将浇好化妆土的泥坯在手轮上摆正。

图 3-79 左手转动手轮，右手用笔蘸斑花石画料在坯体上上下打线。

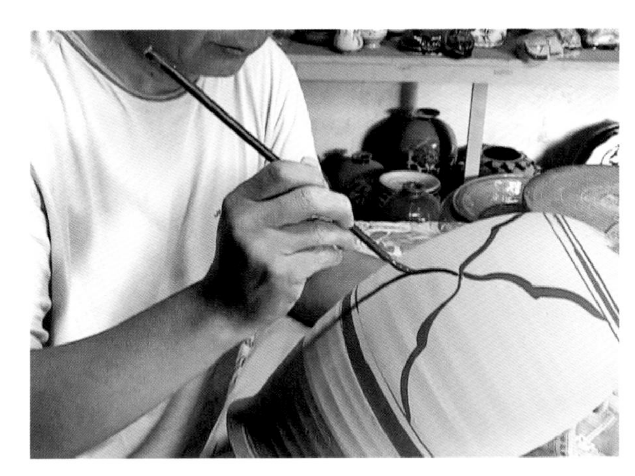

图 3-80 用左手托坯，右手从泥坯的中间起笔，依斜十字对称勾画整个二方连续花卉图案的开方。

图 3-81 在开方的上、下部用连续的破折线对称画出开方轮廓。

图 3-82 以写意的手法用细线在开方交集的上、下处勾画出牡丹花形。

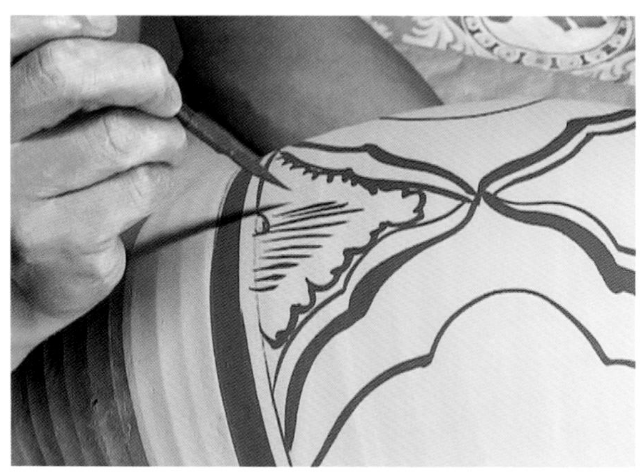

图 3-83 用细线勾勒出花瓣的茎脉以装饰细部。

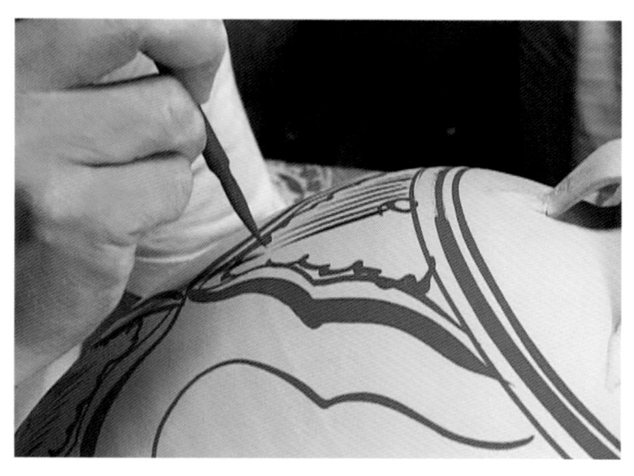

图 3-84 装饰纹样呈上下对称状。

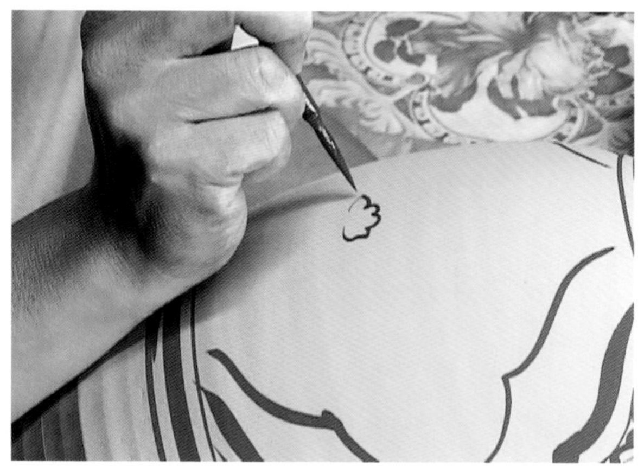

图 3-85 在开方的空间中，以花芯为视觉中心定位开始勾画。

图 3-86 用羊毫笔平涂写出叶脉伸展的基本形状。

图 3-87 用叶筋笔围绕花芯勾画出花头和缠枝。

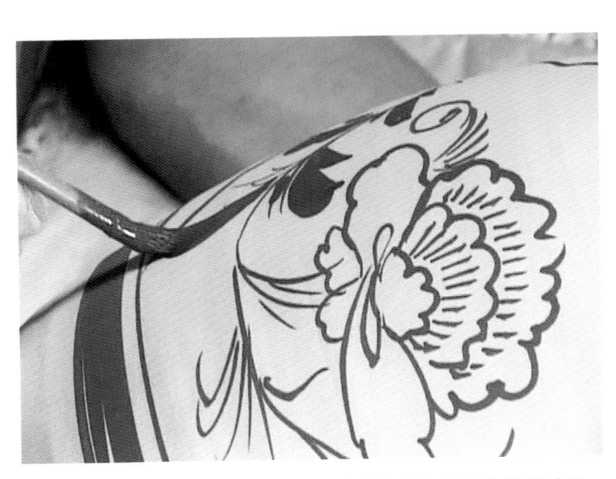

图 3-88 围绕花头和缠枝平涂写出其走向及与花头的簇拥关系。

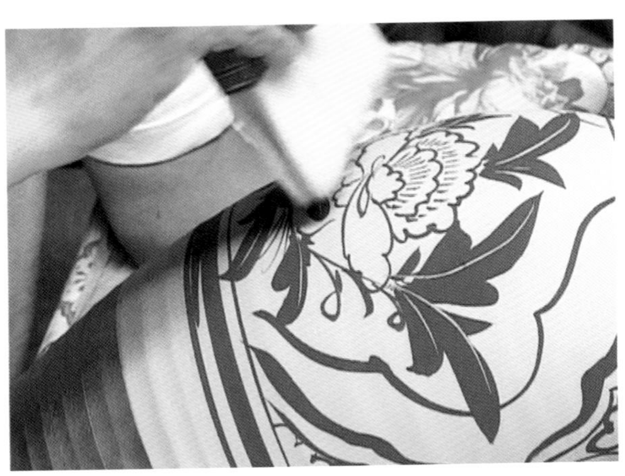

图 3-89 再用竹制工具的尖端划出叶片的脉络，使画面形象更为生动，富有变化性；用羊毛板刷扫除因竹制工具的扫划而产生的画料碎屑，以使瓶体表面平整。

图 3-90 用平面构成的方式在泥坯开方的背面写意勾画出草菊花的花头，以及藤蔓的趋势和走向。

图 3-91 用叶筋笔涂画出具有独特意味的叶脉形态。

图 3-92 用羊毫笔围绕中心花头平涂写出枝叶的基本形象。

图 3-93 用板刷轻扫划花装饰遗留下来的残渣，即可在坯体施透明釉后，阴干待烧。

二、黑白剔划工艺装饰风格

黑白剔划是磁州窑工艺装饰的主要特色。它是在坯胎上浇好黄土釉（黑剔）和化妆土（白剔）后，用竹木工具剔划图案，然后按画面的图地关系将地铲除，最后用透明釉填地完成。（图3-94至图3-117）

图 3-94 将浇好黄土黑釉的泥坯摆放在手轮中央，右手握住竹制剔划工具，左手转动手轮，用剔划工具的尖头轻轻在泥坯肩部的土釉上划出莲花图形的下边缘印迹。

图 3-95 在线上依次划出莲花纹样。注意只在釉面上划出痕迹而不可划伤坯体。

图 3-96 为了使划出的线能够平顺，将右手臂依托在一个器物上，左手转动手轮由上至下依次划出回形纹边线。

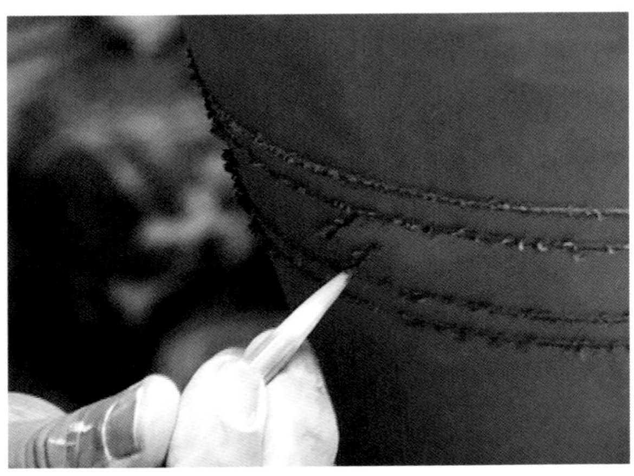

图 3-97 用竹制工具在上、下回纹边线之间均匀、对称、等距地划出回纹边距三角线。

图 3-98 在旋转手轮的同时，在回纹边线中间三分之一处划角分线与上边距三角顶端相接，构成回纹上部；同样，在回纹边线中间另三分之一处沿下边距三角顶端划角分线一条，构成回纹下部。同时按坯体圆周对称、均匀地划分，构成回形连续纹样。

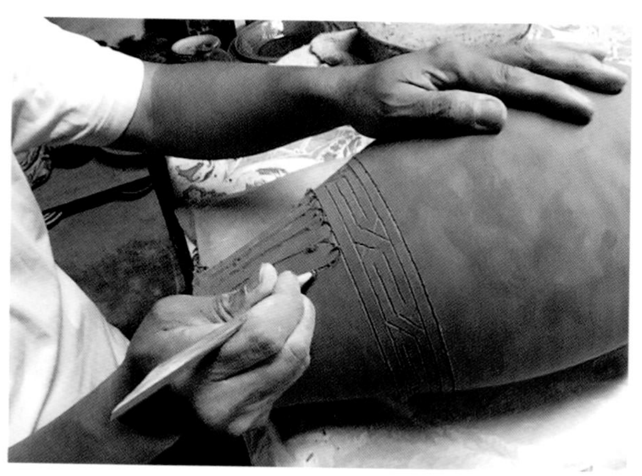

图 3-99 使用板刷将划出的黄土釉碎屑扫净；然后，将泥坯轻轻放在用塑料布包好的海绵垫上，左手扶坯，右手顺势依次在回纹纹样下方划出莲花须弥座纹样。

图 3-100 左手将泥坯上部托起，右手执竹制工具从泥坯中央偏下方起笔划出牡丹花的花蕊。

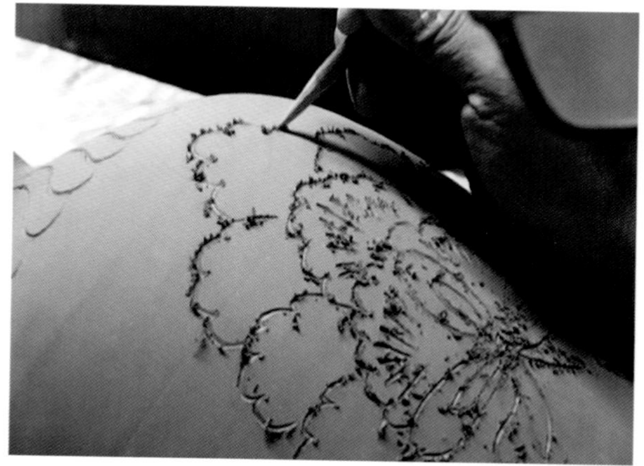

图 3-101 依花蕊划出花瓣、花头。划花时，要求线条圆顺，避免棱角，要写意而不能描；划完花头时，用板刷将划花时遗存的土屑清扫干净，这样既便于检查划花的效果，也避免将画面蹭脏。

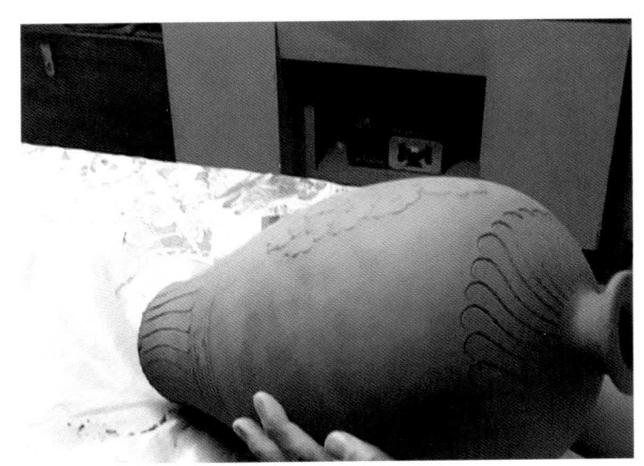

图 3-102 剔划的牡丹纹系二方连续的对称纹样，故需将绘好的花头朝上，对应选择另一面划花头的位置，以便于进行进一步的装饰。

图 3-103 选择好划花头的位置。

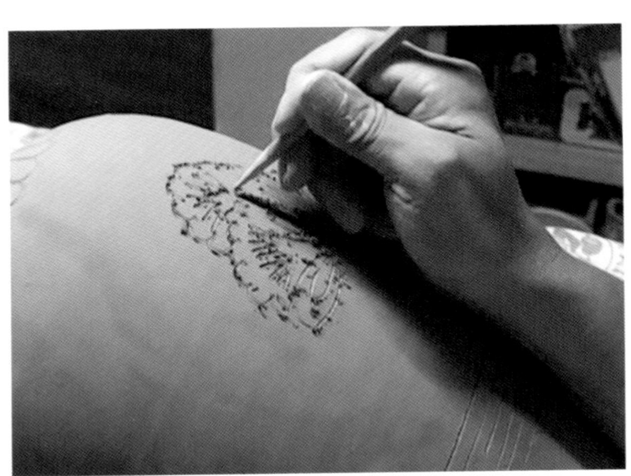

图 3-104 依前所述，划出同样的牡丹花花头。

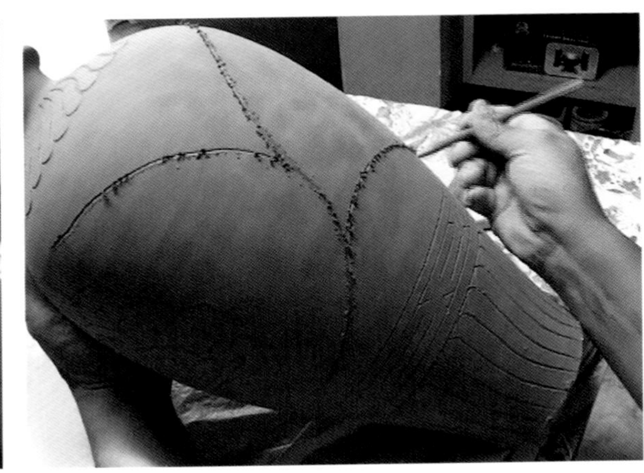

图 3-105 在左右两端划好的花头之间，先从上向下划出弧形的缠枝主叶脉走向，然后反手向上划出右上侧缠枝叶脉走向的弧线，接着再向下以 S 形弧线划出缠枝与花卉的连接走向。这时，缠枝牡丹的二方连续纹样构架基本形成。

图 3-106 在牡丹花头的右下方，沿缠枝主叶脉由内向外向两旁划出两组缠枝叶脉纹样，以充满空间的面积。

图 3-107 在主叶脉与缠枝间划出叶芽。

图 3-108 在叶芽根部依主叶脉对称划出整个伸展开的花叶。

图 3-109 用与之对称的花叶将叶芽的另一边填满。

图 3-110 当划花完成后，用板刷将遗存在泥坯上的土屑清扫干净。

图 3-111 将用塑料布包好的海绵垫放在工作台上，左手托住划花完成的泥坯的肩部，将其斜放在上面，右手用竹制工具的扁平端沿图案的边缘将图地上的黄土釉剔除干净。

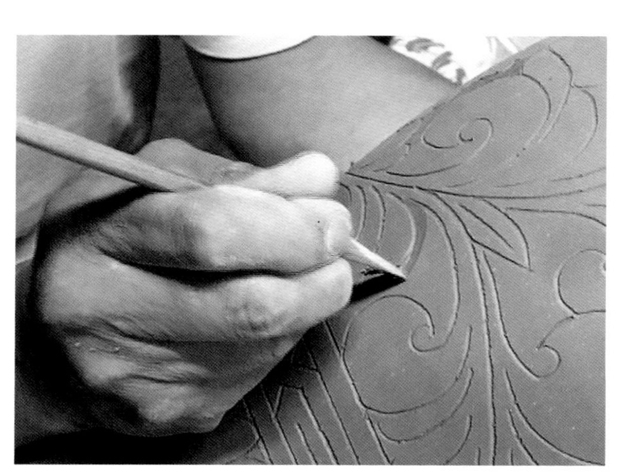

图 3-112 剔花手法依坯体的干湿分为“铲”与“刮”两种方式，这里展示的是“刮”的方式。刮应沿图案的外边缘部分进行，竹制工具的前端面应向外略微倾斜，以便剔划得界线分明，不拖泥带水。

图 3-113 当四周边沿剔划完成后，以不伤泥坯为原则，用竹制工具的平头将中间的土釉剔除干净；最后，用板刷刷净剔划时遗留下来的残渣。

图 3-114 对于剔划后的坯体，还需用毛笔在剔除黄土釉的地子上填满透明釉。

图 3-115 填釉时，要用左手托住坯体，将其水平横放在用塑料布包好的海绵垫上；用蘸满釉料的毛笔的笔尖在釉液面上水平转动，填满剔刻裸露的坯体。

图 3-116 当从左至右一线填好釉后，将未填釉的坯体依次转动至顶端，继续从左至右一线填好，直到填釉完成。

图 3-117 磁州窑黑白剔划装饰技艺方法相同。不同的是，白剔坯体上施的不是黄土釉，而是化妆土，施釉的方式为整体浇釉。由于教材篇幅有限，故在此省略。

三、红绿彩绘画装饰风格

红绿彩绘画装饰是磁州窑民间制瓷工艺中的一朵奇葩。它是用“画红点绿”的方式在釉烧后的陶瓷表面进行绘画的装饰形式。低温彩料依油性和水性分别用樟脑油或调有明胶的水调和，画好后以850度左右的低温烤制。在进行釉上彩绘时，首先将瓷罐居中放在转台上，用毛笔调矾红、草绿两色后，转动瓷罐打线。接着，用蘸过矾红的毛笔依次画出莲花外形并挑画花瓣、花蕊。向上挑画时，压线由笔肚向笔尖运色；向下画时，则由笔尖点至画到为止。画时，笔中含色要浓稠而不至流淌，以能运笔为佳。在开方中“画红”的顺序为：先以矾红勾勒出花卉主体；再用细线描画花头；接着画出茎干和叶脉，运用传统纹样填满开方画面的全部；最后用羊毫笔在充满矾红图案的开方中“点绿”。（图3－118至图3－127）

图 3-118 用含有明胶的水调和草绿色。

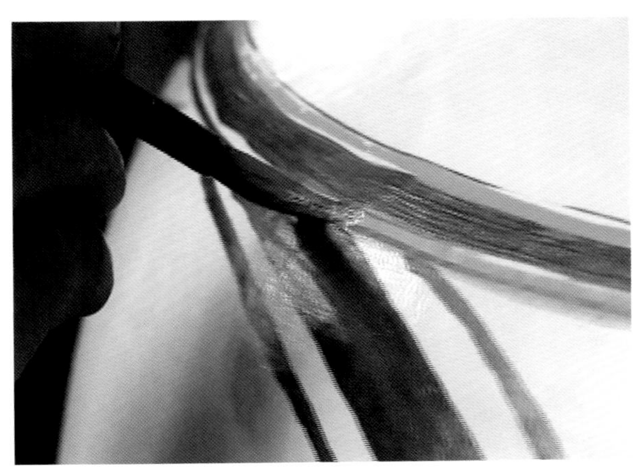

图 3-119 用草绿色围绕开方进行描画。

图 3-120 用矾红色勾画图案。

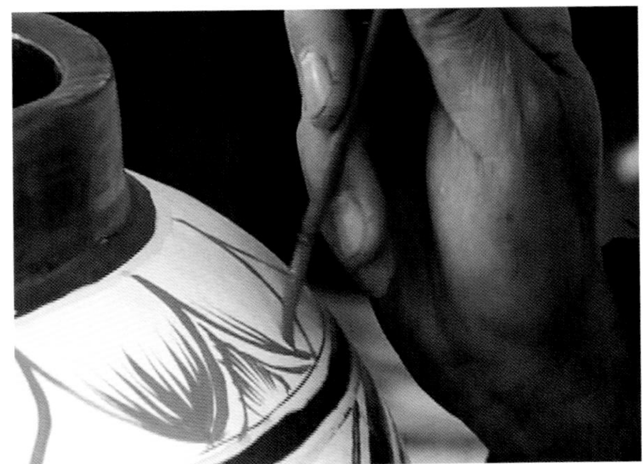

图 3-121 先在口沿下描画莲花瓣纹样。

图 3-122 再在开方中描画图案。

图 3-123 在花卉图案中晕染。此工艺技法被称为“画红”。

图 3-124 在画好的图案中点缀草绿。

图 3-125 用草绿进行细节渲染。此工艺技法被称为“点绿”。

图 3-126 画好的图案局部之一

图 3-127 画好的图案局部之二

第四章　人文艺术教育理念的展开

在磁州窑民间制瓷人文艺术实验中，探求艺术形式中的人文建构是传统磁州窑陶瓷人文艺术实验教学中的重要指标。在多年来的教学实践中，我们在人文艺术教育的理念上做了一些课程实验和探索，在此抛砖引玉，供大家参考。（图 4-1 至图 4-13）

图 4-1 2002 年夏，磁县文物管理所所长张子英先生带领首都师范大学美术学院的学生们在磁州窑观台遗址进行田野考察。

图 4-2 张生广老先生在为首都师范大学美术学院的师生传授瓷系的制作技艺。

图 4-3 笔者在北京延庆井庄小学进行“文化杯”主题陶瓷注浆课程实验教学。

图 4-4 北京延庆井庄小学的四年级学生在实验课堂上进行陶瓷装饰绘画。

一、人文经历

信息时代的今天，气象万千，日新月异。“数字化”的时代背景改变着过去的一切；“即想即得”“立竿见影”已成现实；“个人化”的大潮可以让我们每一个人因一个理念而穿越时空与圣贤交流，因为一件事将有关人类文明的有价值的信息整合并将其转化为制胜的法宝；我们还可以使短暂的生命与久远的历史长河交织在一起而瞬间青史留名。这一切源于信息的时代，也离不开我们对传统文化的依存和发扬。

怎样使有限的生命跟上这迅猛发展的时代列车？怎样使我们的生命无愧于时代？这是我们每个怀揣理想的人需要天天面对并解决的问题。

通过人文艺术教育的实践，我们认识到：在文化观照中形成的自我认知与定位是使我们每个人的生命无愧于时代的基础原点，也是人文艺术教育的核心所在。首先，人文艺术实验教学的理念来源于人们对时代人文观照的思考，以“直观面对”的方式将真实的文化样态引入实验教学，可以使学生的感受源于对真实文化的体验。实验课程按传统磁州窑民间制瓷工艺构建，以“艺以人传”的教学方式，将古老、完整的工艺逐一介绍，手把手地指导学生模仿并体验。实验中，一些学生无法短期掌握的技能和工序由指导老师给予衔接，从而让学生在有限的课时里得以完整、系统、真实地参与并体验文化的全过程，使鲜活的媒介、能动的方式及对传统文化的体悟结合在一起，为激发学生的自我认知、审美定位和文化体验创造一个美妙而真实的环境，为人文艺术教育理念的深入开展建立起一个良好的平台。

图 4-5 首都师范大学磁州窑人文艺术实验公选课程每学期面向全校学生开放。

磁州窑的民间制瓷文化丰富多样，尤其以浓郁的民间艺术特色和深厚的传统文化气息著称于世。在田野考察中，磁州窑文物专家、磁县文物保管所老所长张子英先生通过文化、地理、人文、工艺等诸多因素的相互联系，系统地讲解了磁州窑文化产生的背景和过程，使学生们不仅在课堂上对磁州窑文化的了解有所加深，更重要的是，使学生们设身处地地认识到了传统文化得以形成的深厚的历史背景、独特的资源环境和生生不息的人文传统。认识到艺术创造的主体与传承者是“人”。磁州窑制瓷并非单纯的手工工艺，它凝结着民间艺人的生活态度、审美体验和艺术创造力。

在与当地民间艺人的交流中，同学们还深切地体验到了民间艺人们对美好生活的渴望与追求。他们质朴而执着的生活态度、平凡的艺术实践和生活方式，无疑将引发学生对艺术与生活、艺术的本质及生命的价值等诸多问题进行深入的思考与探究。

图 4-6 2002 年，首都师范大学美术学院学生与陶瓷工艺专家进行艺术交流。

图 4-7 学生与张子英先生就遗存瓷片进行学术研讨。

图 4-8 师生们在磁州窑观台遗址上拼接遗存的元代瓷片。

图 4-9 师生们在磁州窑富田制瓷遗址考察。

围绕传统文化，我们进行了“陶瓷与中国情结”的课题研讨。

下面是学生们在福建建阳水吉镇进行“陶瓷与中国情结”的课题研讨时的日志片断：

1. 位于闽北的建阳水吉镇是古建窑所在地。为了探寻“陶瓷与中国情结”课题中“油滴兔毫”的烧制奥秘，我们来到了这里。热情的水吉镇人像建窑古瓷一样深厚、淳朴。

2. 几经周折，多方打听，我们终于找到了仍在烧仿古建窑瓷的蔡师傅，他同意我们在他的家庭作坊里试烧建窑的“油滴兔毫”样品。

3. 我们在蔡师傅的指点下小心地给我们的小东西上釉。这可不是一件容易的事哦！

4. 我们专心致志地制作我们的小东西，器形都是我们独创的。

5. 我们将精心制作的作品放入电炉中，准备烧制。

6. 经过了几个小时的高温炉前的守候，我们记下了烧制的全过程。当地人用简单的方式烧出了精美的瓷器，相比之下，我们在实验室里的烧制过于复杂了。即将保温时，蔡师傅在炉口加入松木根，使油滴更漂亮。在体验了亲力亲为的过程后，我们对建瓷有了更深的了解。

7. 经过高温与烈火的考验，作品终于露出了它的真面目！大家都急切地盼望着自己的作品出窑，却又十分紧张，生怕它们受到一点儿损伤。

学生们回到了学校的陶瓷工艺实验室，针对磁州窑的黑釉与建窑的油滴釉做了一些釉烧工艺测试。

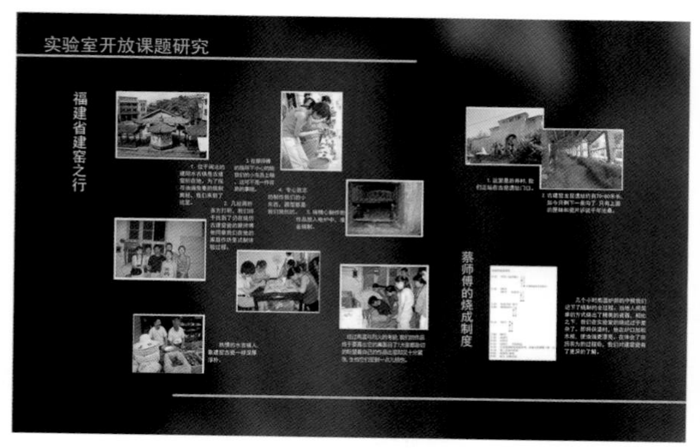

图 4-10 首都师范大学条装处实验室开放基金资助课题研修汇报展板之一

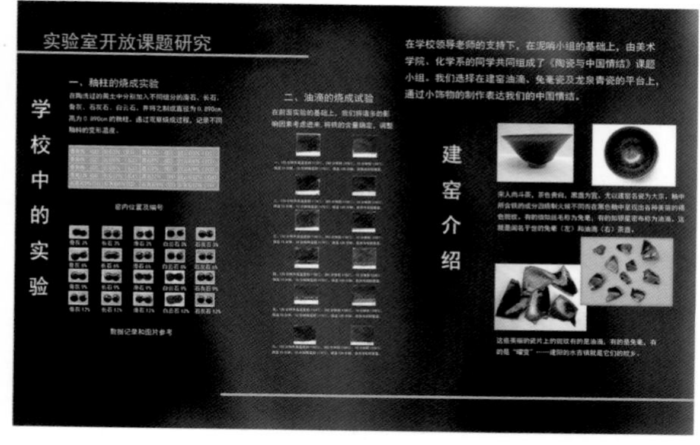

图 4-11 首都师范大学条装处实验室开放基金资助课题研修汇报展板之二

多方面的人文经历使学生的眼界得以开阔，思维评价的基础逐渐形成，动手实践的能力不断提高。这些是我们在人文经历教学理念的指导下做的一些尝试。总而言之，让学生全方位、完整、系统地体验文化的全过程，使其修养得以提高才是人文经历教学的真正目的。在拓展人文艺术教育的系列实验课程中，只有将人文素质构建的教学实验目的摆在教学实验的核心位置，这样，才能使学生的人文修养在实践和经历中得以不断完善。

二、文化观照

在笔者参与传统文化工艺课程传授的十几年来，课程中“文化唤醒”的案例或故事经常上演。比如最近在北京远郊延庆县井庄小学开设的“文化杯”陶瓷实验课中，第一课为成型实验，我们组织学生完整、系统地参与了传统“模范注浆成型”的方式，模范的清理、组装、捆扎，注浆器具的清洗与摆放，泥浆的调制与过筛，模范注浆、补浆、倒浆及切口与脱模等工艺步骤的实践。在实验的过程中，陶瓷制品的成型变化与孩子们的专注交织在一起，浮躁的冲动被制作中的沉稳代替，成功的喜悦进而诱发学生探索的兴趣与“自我唤醒”的渴望。第二课为装饰实验，我们为学生们提供了磁州窑“铁锈花”装饰绘画实践的工艺平台，利用毛笔、竹签、斑花石画料、化妆土、透明釉及多种磁州窑“写意”绘画的传统参照纹样，引导学生们形成“个人化”的价值取向，激发他们表达内心的绘画冲动；接着，我们按磁州窑“铁锈花”的装饰方法进行示范，在示范的过程中进行讲解，培养学生对传统图案之美——“满”、绘画中“意在笔先”的“写”的认识，并引导其在个性表达中进行自我流露。

在课堂上，白纸一样的小同学们的表现令笔者大吃一惊：如此的“专注”，如此的“本真”，如此的“有情趣”，如此的“完美”！

图 4-12 在北京远郊延庆县井庄小学开设的“文化杯”陶瓷实验课中，许云鹏同学的“铁锈花”陶瓷工艺绘画

通过课堂实验，我们认为，鼓励学生“本真”地进行认知与体验、结合课程内容与学生进行交流、协助学生主动参与人文经历教学实验固然重要，但完整的传统文化样态的导入是保证人文艺术教学实验完整、系统、深入进行的核心。没有文化的观照与指引，实验教学只会流于技艺割裂、人文情趣无从依存的尴尬境地，更谈不上引发学生对生命进行文化思考，对自我思维意识的价值进行确认，对文化的归宿进行探求等人文核心问题的解决，正所谓“皮之不存，毛将焉附”。

图 4-13 在北京远郊延庆县井庄小学开设的“文化杯”陶瓷实验课中，师生们快乐的人文经历

三、审美认知的构建

对“美”的认知是美育要解决的主要问题。我们以磁州窑民间制瓷工艺为主线，结合人文艺术实验课程，从多个方面展开审美认知的构建研讨，使学生初步开启对“美”的认知与把握。

首先，磁州窑陶瓷文化来自于民间大众的日常生活，它不是深宅大院中被束之高阁的权贵艺术。当地民众的生活起居、饮食器具、婚丧嫁娶、宗教祭祀等无不显露着它的身影，暗示着其在日常生活中被应用的广泛性。历史遗存中，先人们心灵深处的精神寄托和诉求、民间传说的模写、精神图腾的创造，以及诗书画赋的宣泄与表达，都说明“美”体现在形式多样、内容广泛的“包容性”文化史观上。综上所述，“美”来自生活经验的概括，来自自我情感的真实诉求。

（一）应物象形

自谢赫在“六法论”中提出“应物象形”后，中国古代审美意识进入了理论自觉的时期。后人始终把“六法”作为衡量审美高下的标准。宋代美术史家郭若虚曾说：“六法精论，万古不移。”《史记·太史公自序》中也有“与时迁移，应物变化”之说。“应物象形”在这里包含着人对相应的客观事物所采取的应答、应和、应付和适应的态度。东晋僧肇曾说：“法身无象，应物以形。”说的是佛无具体形象，但可以化作任何形象，化作任何相应的身躯。磁州窑传统陶瓷的形制组合就是对特定的社会内容和情感的一种积淀与概括。先人通过精心揣摩、熟练把握，将自己的感受物化成带有观念、想象和理解的“有意味”的造型模式。玉壶春瓶婀娜的“腰枝”、肥硕的体态（图 4-14），梅瓶宽厚的“肩膀”、中正不倚的气息（图 4-15）正是说明了“应物象形”不是“模拟”，而是情感中睿智的发现与满足。理念架构关系不同、使用功能不同、审美价值取向的不同诠释了“法身无象，应物以形”，造就了作品成为历史长河中承载“与时迁移”的楷模。只有脱离了表面模拟、写实的“有意味的形式”，才是显现独特的个性魅力、彰显价值取向、融合时代观念和意识、进行与时俱进的创造和表达的开始。

图 4-14 元 白地剔划凤凰纹玉壶春瓶

图 4-15 北宋 白地黑绘三爪龙纹梅瓶

（二）秩序之“满”

当前，大多数学习美术的学生在创作中都以“尚美”为先，至于“美”是什么，却说法不一。在多年的传统制瓷文化的传习中，我们发现，尽管磁州窑陶瓷器形多样、纹样万千，在“美”的表达上却有着一个明显的特点，那就是追求秩序之“满”。这种秩序不仅体现在装饰情趣的程式化组合排列、宗教图腾崇拜形式的构建、诗书歌赋的格式排比上，还体现在工艺装饰中的剔、划、填、写的系统流程上。而“满”不仅体现为在构图上充满画面形成整体的感观，而且还体现为在工艺流程上形成多样的系统装饰语言，以造就磁州窑陶瓷独特的人文气质和质朴之美。更重要的是，这个“满”是“神龙见首不见尾”的思维之美，是哲学层面上的“美”，只有“饱满”“圆满”“美满”等形而上之“美”才是支撑事物审美构建的核心。所以说，真正的“美”是呈现在我们面前的，我们看不见却能意识得到的无形的“美”。（图4-16至图4-18）

图 4-16 金 珍珠地缠枝牡丹纹饰

图 4-17 元 白地黑绘开光大口罐纹饰

图 4-18 金 黑釉剔花圆腹瓶纹饰

（三）人文气息

纵观磁州窑陶瓷的千年遗存，其丰富的题材、万千的形制及辉煌的岁月似乎离我们越来越远，那遗存中散发着的浓郁的人文气息却使我们清楚地认识到，“朴素而天下莫能与之争美”“淡然无极而众美从之”的自然无为的道家美学境界才是磁州窑陶瓷千年不衰、世代相传的根本。对于这种美学境界的提高与美学涵养的形成，我认为应注意以下几点：

1.“自然无为”的美学认知系统的构建

美是一种人格的体现。“中庸之为德也，其至矣乎？”（《论语·庸也》）说的是，人应处于不偏不倚、中正平和、敬重与守候的中庸之道中，这样才能心静如水，虚怀若谷，谦虚谨慎，持之以恒。从人文艺术教育的实验教学中我们不难发现，世上无难事，难就难在做事时其“人格”的完美呈现。它决定了品位的层次，决定了事物的成败，也决定了载体的价值。磁州窑民间制瓷文化质朴、随性、淡然的人文气息在哲学层面展示给我们完善的做人之道，引导我们在平凡的生命历程中快乐地生活，在劳动实践中不断地成长和完善。（图4-19）

图 4-19 金 白地黑绘三龙纹盆

2. 艺术表达中的圆、顺、写

在磁州窑民间制瓷工艺传承的教学实验中，我们还注意到，磁州窑产出的陶瓷器物大多为圆形。因为器形中如果带有棱角，就容易在触碰中破损；而圆形器物形制结构稳固且合理。所以，“圆”来自在生活实践中形成的感悟。华夏文明对“圆”的崇拜由来已久，精神符号中的“圆”代表了一种对生活的期许、一种文化和谐，也象征着一种轮回和永恒。“天上月圆之美，地上人间之梦”，磁州窑陶瓷的装饰特色因此而强调了造型的圆润和饱满，其图案笔画线条圆润而流畅，自然也就满足了人们物质上的追求和精神上的寄托。

图 4-20 宋 白釉划花篦纹纹饰

磁州窑陶瓷装饰绘画还讲究“顺”。“气韵生动”为谢赫“六法论”之首，流畅的生发才能洋溢出生命的律动。绘画中，理论、构图、笔墨、渲染赋彩等固然重要，但是如果没有情绪在挥洒中的宣泄，怎能用生命的意味将“蝼蚁”的心灵唤醒，又怎能使笔墨丹青生花呢？笔墨中的“顺”为挥洒和宣泄提供了条件，意念中“气韵顺畅”的“忘乎所以”才是“有感而发”的开始，它能使我们摆脱自身思想的束缚，以新的视角去审视，去把握，进而不由自主地流露并记录着那些偶发的、独特的生命意味。

图 4-21 金 白地黑绘三爪龙纹饰

中国传统工艺及绘画造型以线条勾勒为主，笔画的抑扬顿挫、线条的起承转合、勾勒中的“用笔骨梗”均体现在“写”上。处处见笔、力透纸背、讲究用笔的张弛有度、笔画的方圆兼备成就了画面的“书卷气”，因此，“写”是彰显文化认知、表达自我人文气息的重要手段。（图 4-20 至图 4-22）

图 4-22 采用“写意”手法绘制的“铁锈花”装饰图案

四、守候与唤醒

磁州窑民间制瓷文化是千百年来劳动人民在认识自我、改变现实的过程中形成的非物质文化遗产。它涵盖了先人们在劳动实践中的创造和发现，记录了他们在历史发展中的执着精神和探索历程，也呈现了他们的守候与感悟。它告知着我们这些后来的人：一切创造皆源于“顺其自然，有感而发”的理念。

磁州窑文化的启示告诉我们：生命赋予我们每个人本性的认知。客观世界中，身外的一切皆为自然的赐予。那些与我们时刻不离、唯我们独有的客观事物，就是我们不同于别人的生存环境和空间。它不以我们的好恶为转移地客观地存在着，不以我们的靠近或疏远而与我们或即或离，始终伴随着我们生命的旅程。我们只有顺其自然，热爱自然，尊重自然，从实际出发，才能得以正确地认识并把握这独特的客观机遇，享受自然带来的无限的愉悦。“顺其自然”这一磁州窑文化构建的核心正在于此。它告诉我们一切要从客观事物的特性入手，不要主观地去改变一切，而要顺应自然，认识自然，尊重自然，否则将一事无成。

磁州窑文化的启示还告诉我们：生命赋予我们每个人本性的表达。由于我们每个人处于独特的成长环境中，客观环境造就了我们每个人鲜明的个性，使我们每个人具有不同的阅历，并建构着自己与众不同的世界观和价值取向。不同的生命形式表达着高贵和卑贱，不同的价值取向彰显着善恶和美丑。生命形式的不同取决于思想和灵魂的归宿，没有偏见，客观、认真地对待身边的每件事或者每一个机会，执着的坚持、开放而明智的选择才能为我们带来认知上的感悟，诱发思想上的升华及心灵对文化归属的思考，从而形成对“自我感悟”的哲学层面的探寻，促使我们进一步寻找生命价值的本原，达到生命的永恒。“有感而发”就是在顺其自然、顺应时代、尊崇文化的基础上进行自我感悟和表达，它将使我们的所作所为名垂青史。所以说，没有对文化的观照，我们的生命历程就如同在黑暗中挣扎，没有对文化的思索，我们就不可能探索并实现自我的人生价值与理想。我们这些后来人学习、了解磁州窑文化，进行磁州窑民间制瓷人文艺术实验教学的目的就在于索源寻根，实践，体验，找到把握生命意义的思想道路，探寻心灵在文化和精神层面上的归属。

没有规矩，不成方圆。我们以实验教学课程为平台，采用“请进来，走出去”的方式，在磁州窑陶瓷人文艺术实验经历上下功夫。这样我们不仅能在哲学层面得到传统文化的观照，在美学上得到来自整体的“满”、源于情趣的“顺”、出于气韵的“写”，还能在制瓷工艺上了解符合材料特性的工艺流程，“湿做”“模范”的制胎方式和氧化焰烧造的热工方式，以“陶冶”我们形成“顺其自然，有感而发”的思维和实践模式。如此全方位的接触将使我们在实践并感悟文化的氛围中不断得到精神和思想上的洗礼，进而落实“守候与唤醒”的人文观照的教学理念。（图 4-23）

图 4-23 磁州窑国家级民间制瓷大师闫保山为首都师范大学美术学院的本科生、研究生进行陶瓷铁绘的讲座与演示。

第五章　磁州窑陶瓷实验工艺制备

陶瓷材料与工艺实验课程的开展离不开实验室工艺设备的系统制备。

其制备系统基本分为“原材料的制备系统”和“课程实验的制作系统”。

原材料的制备主要由材料的磨制、过滤、搅拌、滤泥、真空练制、陈腐贮藏，模范的数字设计与制备等技术环节组成。（图 5-1 至图 5-4）

课程实验的制作系统主要有成型设备及工作间、装饰工艺工作间、辅助器具台架等。

图 5-1 使用球磨机将天然黏土原料磨制成泥浆。

图 5-2 使用滤泥机将泥浆中的水分挤出并制成泥饼。

图 5-3 利用 3D 打印机制作工艺教学模范。

图 5-4 运用石膏制作陶瓷脱胎模具。

第一节　实验室的工艺教学设备

开展陶瓷实验工艺课程所需的工艺设备的添置应视学校的教学条件及需求而为之。

一、球磨机

球磨机为卧式筒形旋转机械，由支架、滚筒、球石、出进料口、电机、齿轮或皮带轮等部分组成，齿轮或皮带带动滚筒旋转。原料、球石、水等在筒体内回转时因受摩擦力和离心力的作用而被带到一定的高度后，又受重力的作用产生泻落，经过一定时间的冲击和研磨，原料被逐步粉碎成浆状。

二、电动筛

电动筛由支架、电动机、筛网、传动装置、连接支撑装置等组成，其特殊之处在于：传动装置采用了偏心轮，连接、支撑装置为弹簧，筛网与压边的组装方便拆装，使用电动筛过滤泥浆时效率高而省力。

三、滤泥机

滤泥机由机架、泥浆泵、滤板、滤布组成。通过泥浆泵加压将泥浆池中球磨好的泥浆打入被滤布覆盖的滤板内，在压滤的过程中经泥浆泵加压后，滤布截留住固体颗粒而液体从滤布缝隙中被挤出，进而使泥浆料液分离。泥浆经滤泥机脱水之后，泥饼的干燥度可以达到30%～80%。

四、真空练泥机

经过压滤的泥饼还需用真空练泥机进行绞泥、真空脱气、精炼挤压等操作，以使泥料结构致密，分布均匀，不含气孔，便于进行陶瓷成型的操作。瓷用真空练泥机的内筒、螺旋绞刀、螺旋挤压轴均由不锈钢材料制成，它由主机、练泥传动部件、真空泵、真空型腔等机件构成。

五、拉坯机

拉坯机由机体、转盘、直流电机、无级变速器、踏板、电源等组成。它是陶瓷成型和修坯的必备机具。

上述机具的组合构成了一个基本的原料制备、工艺成型的实验教学体系。

第二节　原料制备

一、泥料制备

磁州窑的制瓷原料全部来源于大自然。首先需要用球磨机将制瓷用的大青土原矿磨碎。大青土作为粘土易于在水中分散，所以一般来讲，采用湿法进行球磨时，料、球、水的比例约为1：(1.5～2.0)：(0.8～1.2)。经过数小时的湿法球磨，粘土被球磨成泥浆。

球磨的泥浆需要经过过筛、除铁等工序。坯料一般经80目～100目的筛筛过即可使用。

过筛后的泥浆通过泥浆泵进入滤泥机进行泥水分离。泥水分离后的泥饼虽然基本上达到了成型的要求，但是泥料中水分与固体颗粒分布不均匀，其中还含有不少空气，无法达到坯料的一致性要求，因而泥料在成型时容易变形、断裂。

经过滤泥后的泥料需要用真空练泥机进行绞切、抽真空、挤压处理，使泥料中的空气减少至0.5% ～1.0%，可塑性、密度得以提高，泥性构成更加均匀、一致。

这时的泥料还需在具有一定温度、湿度的环境中堆放一段时间，使泥料颗粒经过水分的释放而变得更加均匀，硅酸盐矿物水解转化为粘土物质使泥料的可塑性更强。这种堆放泥料的方式被称为“陈腐”。

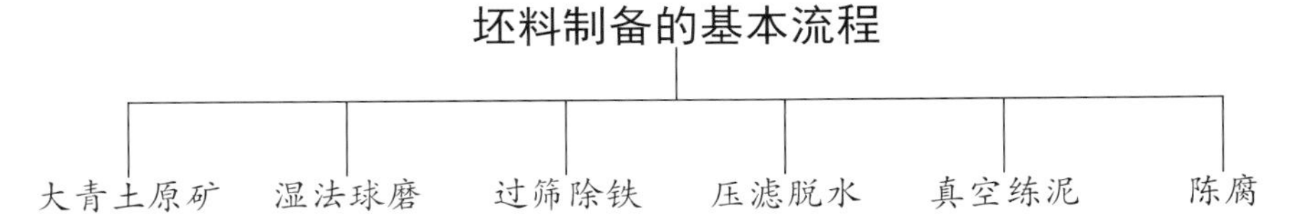

二、釉料制备

陶瓷的釉是坯体烧成后在表面上形成的一层极薄的玻璃体，它使陶瓷表面平滑、光亮、不吸湿、不透气。由于烧制过程中的物理反应，釉面材料会产生着色、结晶、乳浊、开片等形态变化，加之人文的装饰工艺的应用，使陶瓷形成不同的艺术风格。

由于釉的构成复杂，分类方法众多，因而在这里仅略举一二：

按坯体类型分，釉可以分为瓷釉、陶釉等。

按烧成温度分，在1100℃以下烧成的为易熔釉，在1100℃～1250℃之间烧成的为中温釉，在1250℃以上烧成的为高温釉。

按釉面分，可分为透明釉、乳浊釉、结晶釉、无光釉、碎纹釉、花釉等。

按釉料制备分，可分为生料釉、熔块釉、熔盐釉、土釉等。

磁州窑陶瓷釉料制备：

磁州窑陶瓷釉料的制备一般是由生料釉产生透明釉，由黄土釉产生黑釉。

透明釉，选用河南水冶长石，采用湿法球磨磨制而成。（图5-5）

黑釉，选用河北邯郸彭城羊角铺黄土加三氧化二铁，按“土1、铁0.04”的比例进行配比，采用湿法球磨磨制而成。

图5-5 水冶长石天然矿物和磨制的透明釉块

第三节 模范的制备

一、数字模型设计与3D快速打印成型

随着“信息时代”的到来，过去手工制模的方式已经被“即想即得”的信息整合的工作方式代替。运用三维设计应用软件进行信息化、同比例数字模型的复制，以再现纯粹、真实的磁州窑民间制瓷造型样态，是使磁州窑陶瓷原汁原味地真实再现其本质的实验教学的技术保障，同时也是转换学生的思维意识，引导其采用信息搜集、评价、整合的工作方式走入“信息时代”的必要措施之一。（图5-6至图5-15）

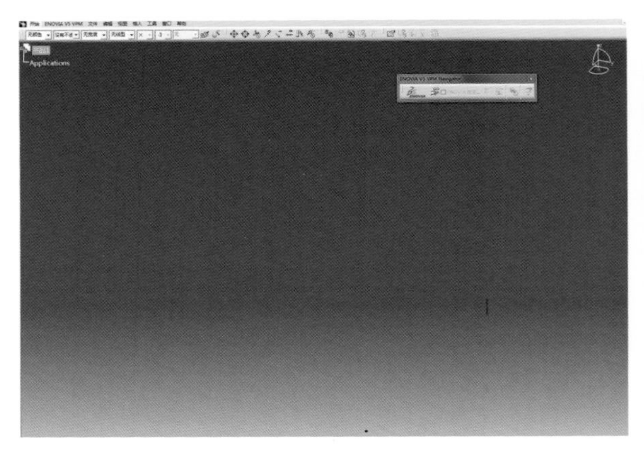

图 5-6 打开软件 Sketch Tracer 操作界面。

图 5-7 导入磁州窑三爪龙纹梅瓶数字图片进行等比例尺寸确认。

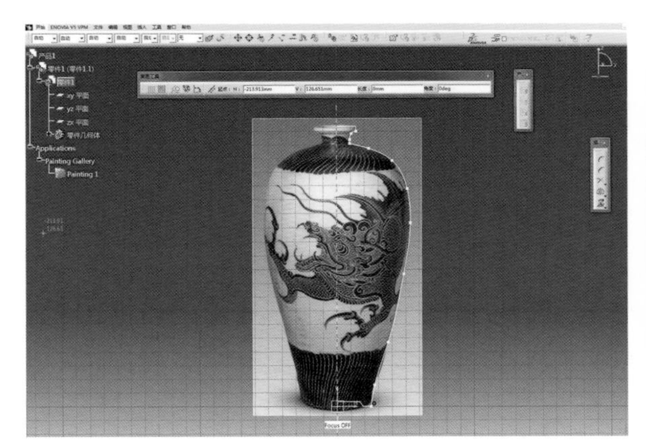

图 5-8 在模型图片中央确立中轴线，再用轮廓、样条线沿图形外边缘描画复制。

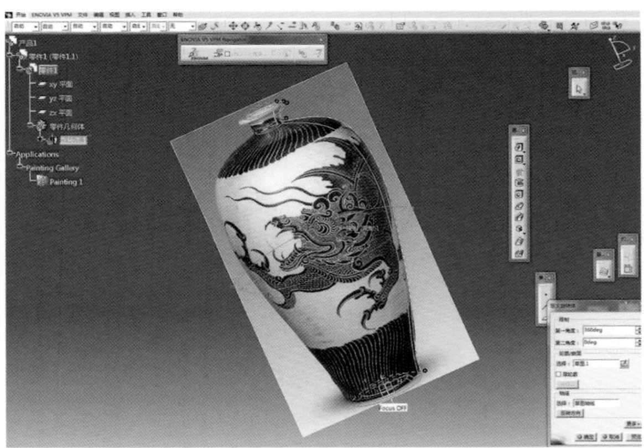

图 5-9 用旋转体工具将轮廓线沿轴线旋转 360 度以成型。

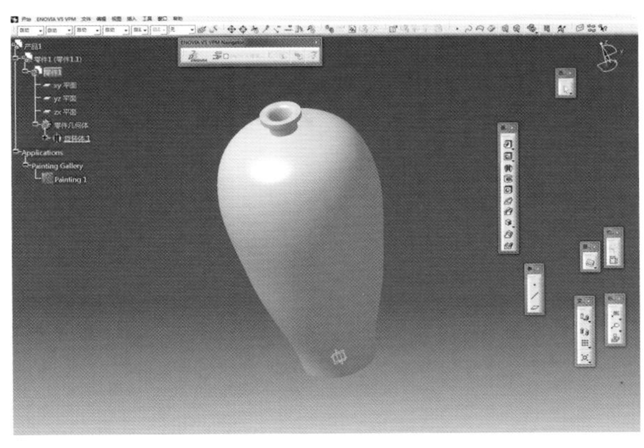

图 5-10 用盒体工具移除不需要的面，确认模型实体的厚度。

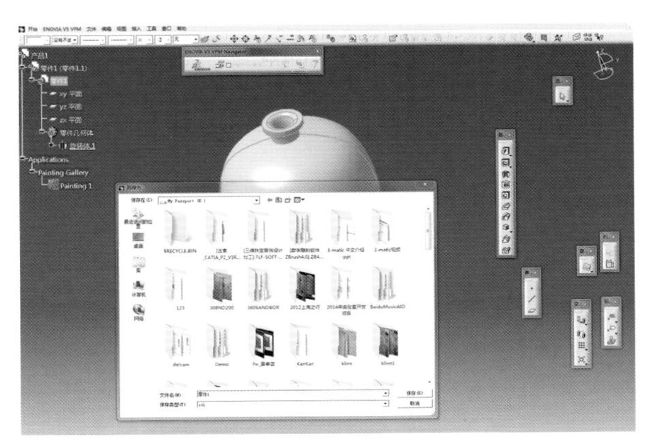

图 5-11 将模型全选后，保存为 STL 格式的 3D 打印文件。

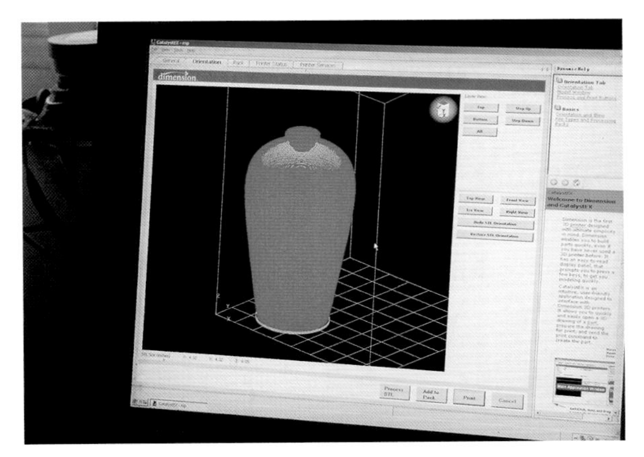

图 5-12 打开 Dimension 3D 快速成型机打印界面，将 STL 格式的 3D 打印文件打开进行模型和支撑材料的编程。

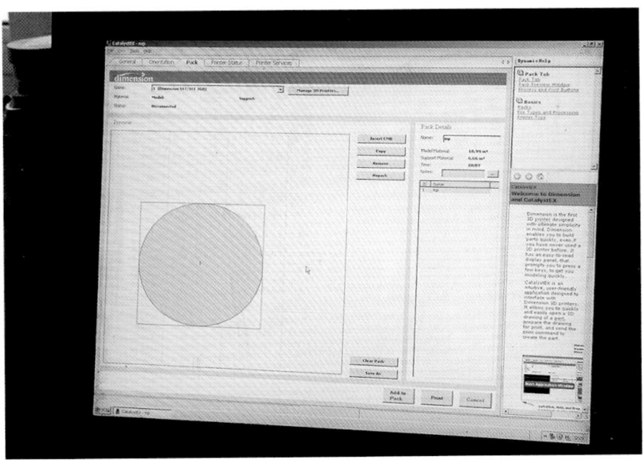

图 5-13 输出并安排打印模型文件。

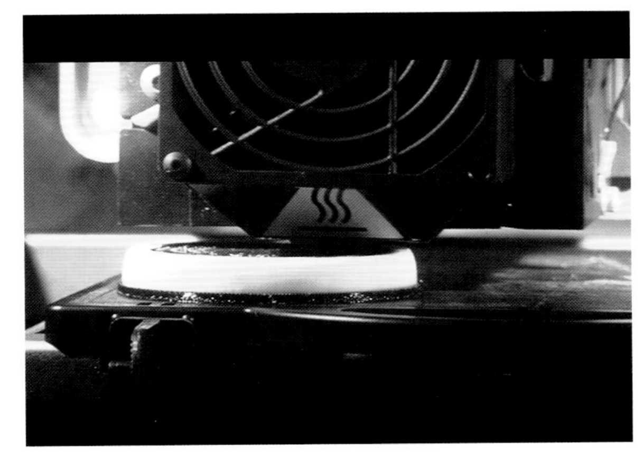

图 5-14 3D 快速成型机开始打印。

图 5-15 由于受快速成型机打印尺寸的限制，故模型需要分段打印成型。

二、石膏模的制作

“模范”是“模”与“范”的总称。“范”是数字信息的范本，“模”是制作陶瓷泥坯的母模。模范成型既是生产服务于社会生活的历史必然，也是制定“标准”的基础。（图5-16至图5-27）

图 5-16 在用石膏模范进行翻制前，需要将诸多用具准备好。

图 5-17 将定位盘放置于拉坯机中央。

图 5-18 将数字模范安放在定位盘上。

图 5-19 涂抹泥浆隔离模范。

图 5-20 套塑料膜并用泥封接塑料底边缝隙。

图 5-21 用胶带将塑料膜固定并粘牢，备用。

图 5-22 先在桶中放置清水，然后按比例加入石膏，将其打匀并搅拌。

图 5-23 将打匀并搅拌好的石膏浆过筛。

图 5-24 浇注石膏浆。

图 5-25 用小条刷沿模型边缘扫荡，使缝隙间的气体排出，以便石膏浆与模范贴实。

图 5-26 待石膏略干后，打开塑料膜。

图 5-27 将浇注好的石膏模范按模范的内形等比例车出外形。

第六章　磁州窑制瓷材料测试

磁州窑制瓷工艺实验课程仅以传统工艺制作体验为主要内容是不够的。对材料特性的认知、对工艺构成实验的把握都离不开陶瓷工艺学基础知识的实验和学习。基础材料与工艺测试的实验包括以下两个方面：第一，它由泥料的收缩率实验、烧结温度实验、含水率实验、膨胀系数实验四个实验构成；第二，它由釉料的梯度烧结温度测试实验构成。（图6-1至图6-3）

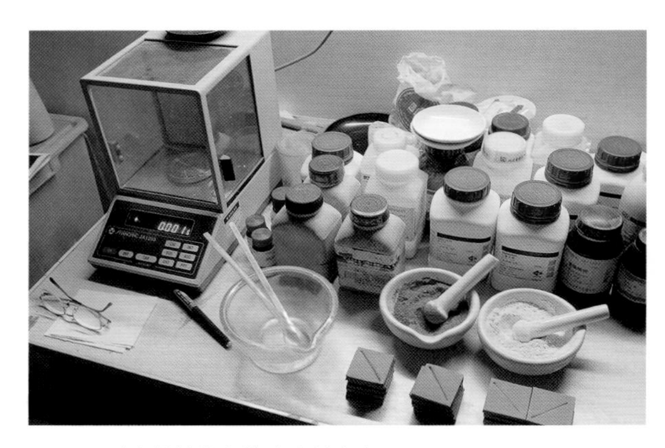

图 6-1 测试材料的化学试验制备台

图 6-2 泥料的材料特性测试用试片

图 6-3 材料理化测试用温度梯度烧结炉

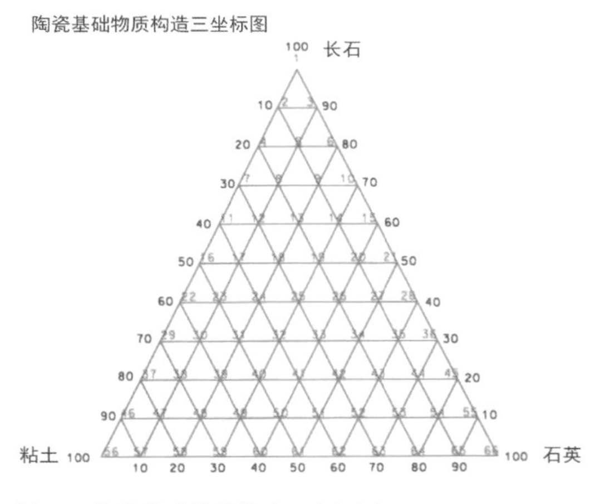

图 6-4 陶瓷基础物质构造三坐标图

对于每一个学习陶瓷的人，首先需要了解的就是如何使粘土变成瓷器的原理。

从理论上讲，陶瓷是由粘土、石英和长石三种基本矿物按一定比例配合，通过不同温度范围的物理、化学作用而产生不同类别的物质形态的。（图6-4）

陶瓷的制造是火的艺术。我们只有在窑火烧制的过程中才能了解泥料是如何转变成瓷的，才能正确地制定粘土的烧结温度，才能掌握泥料烧结状态的温度范围。如何把握陶瓷烧成的规律呢？通过以下工艺学实验，我们可以对其有一个基本的了解和认知。

第一节　泥料

一、泥料的收缩率测定

泥料试样在自然干燥等物理过程中线性尺寸所发生的变化，称为“干燥收缩”。干燥收缩是以泥料试样原来长度的百分数来表述的。

干燥试样在陶瓷泥料焙烧时所发生的物理、化学变化过程中线性尺寸所发生的变化，称为“火烧收缩”。火烧收缩是以干燥试样长度的百分数来表述的。

（一）测定泥料干燥收缩和火烧收缩的意义

1. 检验泥料在干燥和火烧收缩过程中影响成型的物理性能。
2. 确定泥料的变形程度和烧结温度。
3. 获得符合泥坯成型的标准尺寸。

（二）进行测定时需要准备的材料和工具

1. 放置泥料试样的木板两块
2. 放置泥料的帆布一块
3. 游标卡尺
4. 泥刀
5. 丁字尺
6. 泥板机

（三）试片制作

测定泥料的干燥收缩和火烧收缩时，一般采用长50毫米、宽50毫米、高8毫米的正方形试片。

其制作方法是：将帆布平铺在木板上，将泥料放置后，用帆布遮盖，然后在泥板机上将其压制成约8毫米厚的泥片，并且用泥刀和丁字尺将泥料切成50毫米 ×50毫米的正方形试片。接着，将垫纸铺于泥片上，用另一块木板合并将其翻转，去掉帆布，用工具按压出烧成收缩标记，从而完成测试泥片的制作。（图6-5）

图 6-5 试片制作

（四）测定泥料干燥收缩实验

在试样泥片上用号码字模依据实验顺序打号。用尺板在泥片上分别交叉做出长度同为50毫米的“V”形标识槽和标识直线，接着放置试样至其自然干透。

用游标卡尺测量被编号的试片，并按泥料干燥收缩实验表做如下实验记录：

测定泥料干燥收缩实验记录表

泥料名称	试片编号	可塑状态标识间距离（mm）	干燥状态标识间距离（mm）	干燥收缩百分数	实验结论
大青土	1				
	2				
	3				

由于在自然干燥状态下任何条件的改变都能使试片的测定结果产生误差，所以应将明显变形的试片去除并取其多片平行测定的平均值作为真正的指标，以增加测试的准确性。

干燥收缩的计算按以下算式进行：

$$干燥收缩=\frac{原始距离(mm)-干燥后记号间距离(mm)}{原始距离}\times 100$$

（五）测定泥料火烧收缩实验

火烧收缩实验要在干燥收缩后的试片上进行。在每个测试温度下至少应选用5片以上的试片进行焙烧测定。

泥料火烧收缩测定的方法与干燥收缩实验一样，并按泥料火烧收缩实验表进行实验记录：

测定泥料火烧收缩实验记录表

试片编号	________温度时的收缩			火烧收缩百分数
	干燥收缩试样记号间距离（mm）	焙烧后试样记号间距离（mm）	总收缩百分数	

选用5片以上的试片平行测定的平均值作为真正的总收缩指标进行总收缩的计算。

总收缩的计算按以下算式进行：

$$总收缩=\frac{原始距离(mm)-焙烧后记号间距离(mm)}{原始距离}\times 100$$

泥料的干燥、焙烧收缩状况基本反映了其物理特性。我们在实验中不仅要关注其总体的收缩指标，而且也要注意干燥、焙烧等各收缩阶段指标的特性，以期对泥料的收缩状况有一个全面的了解和把握。

火烧收缩的计算按以下算式进行：

$$火烧收缩=\frac{干燥后记号间距离(mm)-焙烧后记号间距离(mm)}{原始距离}\times 100$$

二、泥料烧结测定

一般来讲，进行陶瓷泥坯的烧结需要把握三个指标：1. 含水率不超过 5%。2. 陶瓷的烧结温度，也就是粘土试片烧成时，其自身重量和烧成收缩不再发生改变时的温度。3. 陶瓷烧结的变形温度，也就是当温度继续升高，粘土试片的边角局部溶化及原来形状显著变化时的温度。而烧结温度和烧结变形温度之间的范围，正是陶瓷烧结状态的温度范围。

测定陶瓷烧结状态温度是陶瓷工艺实验的基础，由此可以准确地制定适宜的陶瓷烧结制度，确定陶瓷的不同烧成方式，甚至确定制作何种形态的泥坯和制品。

陶瓷烧结温度和烧结状态温度的测定需要在陶瓷试片耐火度的高温区域进行。测试时，可以对试片外观的形态进行比较，接着做测定其烧成收缩率、空隙度的实验。

烧结实验试片外观鉴别记录表

烧成温度	外观色泽	敲击声音	变形状态	外观情况及特征	备注
1100℃	深红	清晰、响亮	无	致密，表面有细微颗粒	

（一）陶瓷泥坯试片烧成后外观鉴别内容

1. 观察泥坯试片的色彩、材质是否属于适用于制作、生产的陶瓷样态和形式。

2. 检查泥坯试片的弯曲度，证实其泥料的颗粒、黏度、可塑性、烧成收缩的比例和特征。试片弯曲说明泥料需要不同程度的瘠性化，瘠性化程度的比例由针对性的实验结果来确定。

3. 根据泥坯试片裂纹的特征和状态找到其产生的时间和成因。

陶瓷试片在焙烧过程中产生裂纹的大致情况和主要原因如下：

（1）陶瓷试片边缘的开口和裂缝主要是烧成初期升温过快、泥坯试片含水率太高造成的。

（2）陶瓷试片边缘深而平滑的开口裂缝是在泥坯表面被烧结后产生的，为泥料处于最大收缩状态时温度上升过快所造成的。

（3）陶瓷试片边缘的细微裂纹是烧成冷却时间太短引起的。

4. 陶瓷试片如产生凸胀，说明坯体不致密、有气体存在或者坯体的厚度不均匀。由于化合物分解产生的气体不能穿透坯体的烧结层，故造成了坯体的凸胀和气泡的产生。

5. 陶瓷试片的棱角如变形或溶化，说明烧成温度高于泥料的耐火温度。

（二）陶瓷泥坯试片烧成后断面外观鉴别内容

1. 断面颗粒细，结构致密，表示其为高塑性、高强度的优质粘土。

2．断面颗粒细，结构均匀，未烧结，表示其为未烧结的优质粘土。

3．断面颗粒粗，结构疏松，说明其含砂较多，强度较低。

4．泥料色泽不均匀，有气孔，表明其加工不良。

三、泥料孔隙度、含水率测定（煮沸法测定吸水率实验）

孔隙度是检验泥料在烧结过程中的变化的重要指标之一。

孔隙度在烧成中的变化状态数值是制定陶瓷材料正确烧成温度曲线的依据，避免造成陶瓷泥坯在不正确的烧制过程中发生开裂，产生气泡等，造成人为的缺憾。

孔隙度数值的大小对陶瓷泥料的瓷化烧结具有决定意义，致密而不透水则是成瓷的基本标准。

孔隙度大致分为两种：真孔隙度——全部气孔（开口气孔、闭口气孔）的总体积与制品总体积之比，以百分数表示；显孔隙度——制品内和大气相通的全部开口气孔的总体积与制品总体积之比，以百分数表示。一般用制品吸水率的多少来确定材料的烧成性质，用吸水前与吸水后的制品重量比来表示空隙度。

实验方法：

取样。要求被测试的陶瓷试样大小相等、厚度一致、表面没有裂纹和不平。

干燥称重。将陶瓷试样放入干燥箱中，以110℃～120℃的温度下干燥两小时，待试样在箱中衡重、冷却后，用百分之一克的电子天平称重，精确到0．01克。

饱和。在实验电炉上放置烧杯一个，在烧杯中垫支一片金属丝网，将衡重的试片搁置在金属网上（注意：两者的接触面积越小越好）；接着，在1小时内逐渐地加入实验用蒸馏水，直至试片沁没在水面以下2厘米至3厘米处。

煮沸。在煮沸的3小时中，要不断地加蒸馏水，以免使试片露出水面造成误差；之后，将试片放在水中冷却至少1小时。

擦拭与称重。用拧干的不起毛的湿毛巾擦去试片表面多余的水分；然后，立即用百分之一克的电子天平称重，精确到0．01克。

吸水率的计算按以下算式进行：

$$\text{吸水率（百分数）}=\frac{\text{饱和试片重量（g）}-\text{干试片重量（g）}}{\text{干试片重量（g）}}\times 100$$

显孔隙度的计算按以下算式进行：

$$\text{显孔隙度（百分数）}=\frac{\text{饱和试片重量（g）}-\text{干试片重量（g）}}{\text{饱和试片重量（g）}-\text{饱和试片在水中重量（g）}}\times 100$$

吸水率测定实验记录表

物品名称	试片编号	干试片重量（g）	饱和试片重量（g）	吸水率	备注

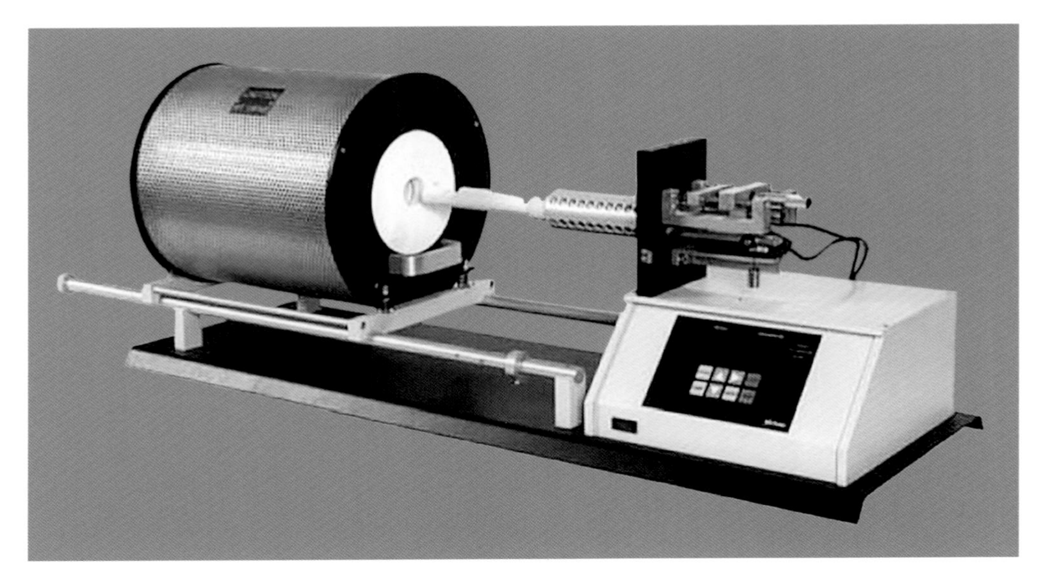

图 6-6 热膨胀系数测定仪

四、热膨胀系数测定

了解陶瓷在烧制过程中的热膨胀系数的实际数值有着非常重要的意义。由于坯、釉在膨胀系数上存在差异，不当的热工操作会使陶瓷的热稳定性随膨胀系数的增大而降低，造成釉面的开裂与剥落；而了解了坯、釉间不同的线膨胀系数可以利用其膨胀特性为陶瓷制作提供技术的保障。

陶瓷材料的热膨胀数值用线膨胀系数及体膨胀系数表示。

线膨胀系数是陶瓷材料在加热的过程中，其线性尺寸膨胀的相对增加值。一般来讲，也就是温度每增加 1 ℃时，陶瓷材料线性尺寸的平均相对增长值。

平均线膨胀系数的计算按以下算式进行：

$$\text{线膨胀系数}=\frac{\text{加热试片的长度(mm)}-\text{最初温度试片的长度(mm)}}{\text{加热温度}-\text{最初温度}}\times 100$$

热膨胀是在设定的升温或降温条件下自动测定样品随温度变化的线性膨胀系数的实验仪器。热膨胀系数测定仪主要由热膨胀模块、运行控制仪、测试操作软件构成。(图6-6)

热膨胀模块是一个独立的结构，包括支撑炉子、样品架、测试头及控制仪器运行的控制仪。炉子加热样品时，其顶杆尾端的 LVDT 监测样品的膨胀和收缩，以及炉子和样品的温度。LVDT 信号和样品温度被保存在运行控制仪中，可以通过用户提供的计算机及操作软件将测试数据下载。软件将校正样品架和顶杆的移动，计算的结果是 PLC（长度线性变化百分数），并显示为温度的函数。

运行控制仪是热膨胀系数测定仪的心脏部件，键盘后面有专门设计的电路板。电路板控制炉子的加热，采集位移数据及样品温度（温度以1℃为间隔），计算长度线性变化百分数（PLC），并储存相应的时间、温度和热膨胀数据。热膨胀系数测定仪可以被独立操作，不需电脑，也可以通过用户提供的电脑进行控制。

热膨胀系数测定仪附带测试操作软件，用户可以在测试结束后通过它将数据下载到相应的计算机上，也可将操作参数输送到运行控制仪上，并在计算机上实时监测、运行后分析数据。

热膨胀系数的测定主要分以下几个步骤：

1．测量测试样品的长度。

2．将样品放进样品架中。

3．应该将陶瓷屏蔽管和铝屏蔽管安装在样品架上，耐火纤维圈也应紧靠屏蔽管。

4．将砝码和滑轮线加到滑轮上，使得顶杆与样品接触。

5．将热电偶的珠子放在样品中间。

6．顺时针或逆时针旋转千分尺，使得左侧的LED显示值在0.100左右（在LVDT跨度的中心）。

7．将炉子滑动到相应的位置，使得样品架在炉子中，插入保温耐火塞。

8．将耐火纤维圈滑向炉子，使得耐火纤维圈与炉子的保温耐火塞接触。

9．可选步骤：

（1）仔细地将测试头的罩子放置在测试头上并扣紧。

（2）确保循环水接通，并确保其以相同的速度和温度流动。

10．打开膨胀仪软件，在“Dilatometer”下拉菜单上选择“Set up An Experimental Run”，在设置屏幕上填上相应的信息。

（1）在“开始”的5个对话框中输入相应的信息（以上次的信息为缺省值）。

（2）在“调谐常数”中选择“空气”（以上次的信息为缺省值）。

（3）如果需要，可以重新输入相应的数据文件名（如果不输入文件名，软件会振动设定一个文件名）。

（4）选择对应的校正CAL文件（以上次测试所用的校正文件为缺省文件），注意确保测试条件与校正文件的测试条件一致。

（5）如果需要，输入相应的起始温度（以上次测试的起始温度值为缺省值）。

（6）输入相应的加热循环参数（包括升温或降温速率及停留时间，以上次测试的参数为缺省值）。

（7）如果需要，输入安全切断参数（以基于前面的输入值计算得到的数值为缺省值）。

（8）输入延迟启动时间（以上次测试所用的延迟启动时间为缺省值）。

11．按“Apply”按钮来初始化测试参数，在完成一系列的屏幕提示后开始测试。

12．测试结束后，从控制仪上查看并下载相应的结果。

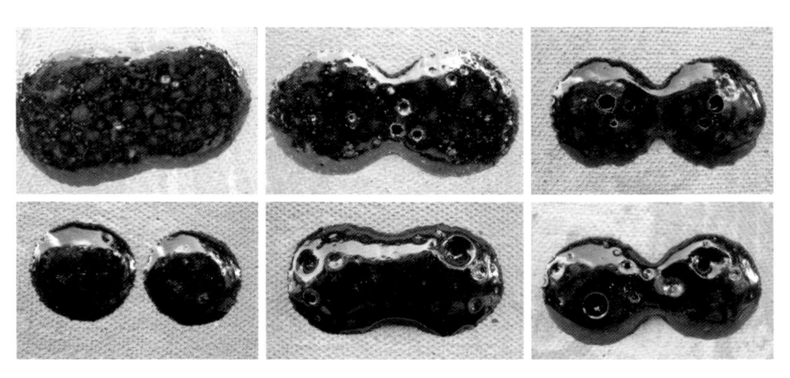

图6-7 磁州窑黑釉烧成试片

第二节　釉料

釉烧温度的梯度测定

釉烧是陶瓷实验教学中对坯体表面装饰釉料的烧成质量进行控制的重要课程。

釉烧实验一般采用梯度炉进行烧成测试。这是一种用梯度炉对坯釉试样进行加热，通过观察材料在这一预定范围内的烧成变化，找到最佳烧成温度的实验测试方法。同时，运用梯度炉还可以在一定的温度范围内对实验材料的结晶或液化温度的确定等多个理化实验项目进行研究、测试。

（一）样品的准备和放置

拿下梯度炉的端塞，取出半球形管，将陶瓷试片样品放置在半球形管的水平面上，然后将半球形管放回梯度炉中，塞上梯度炉的端塞。

（二）陶瓷试片样品的烧制编程

梯度炉将加热循环表示为一系列的程序段，每一个程序段由设置点、加热速率或冷却速率（变温斜率）、设置点的保温时间组成。

首先，编程必须指定“开始”和“结束”程序段。

应该确保所有程序的变温速率为0，设置点温度及保温时间也应被设置为0，这样设置可以确保电流是慢慢地施加到炉子的加热元件上的。

所有的程序应该从高速变温速率（999℃ /min）降到0℃，并将保温时间设置为0，这样可以快速地将设置点温度设置为0℃，并确保炉子的电流被切断。

磁州窑黑釉测试温度被设定为1255℃的实验记录：

釉烧温度记录表

实验名称	热电偶位置	设置温度	保温后温度	备注
大青土	6	852	890	
	8	896	933	
	10	941	975	
	12	983	1016	
	14	1034	1063	
	16	1081	1107	
	18	1135	1155	
	20	1202	1215	
	22	1255	1257	

根据釉烧温度记录，运用Microsoft Office Excel分析数据信息，确认烧成制度和合理的烧成温度。

分析的方法为：打开Microsoft Office Excel软件，选择热电偶位置数值、烧成温度数值；接着，选择“公式—其他函数—统计—FORECAST(x,known_y's,known_x's)—输入函数参数—观察烧成试片”，将烧成最佳位置数值输入公式后，用公式计算出预测值。（图6-7）

第七章　实验室窑炉热工作业

课程实验的烧制热工作业系统主要有陶瓷电烧结炉、燃气窑炉、梯度炉、热工实验辅助器具、排风设备、气体瓶罐贮藏室等。“陶冶”一词中，“陶”是做，“冶”就是烧制。陶瓷制作的好坏很大一部分取决于高温热工窑炉的烧造。（图7-1至图7-4）

图7-1　在中小学陶瓷材料与工艺实验中，0.2立方的电烧结炉完全能胜任实验教学氧化焰的烧成任务。但是，青花、青瓷等还原焰的陶瓷作业必须使用燃气窑炉进行烧制。

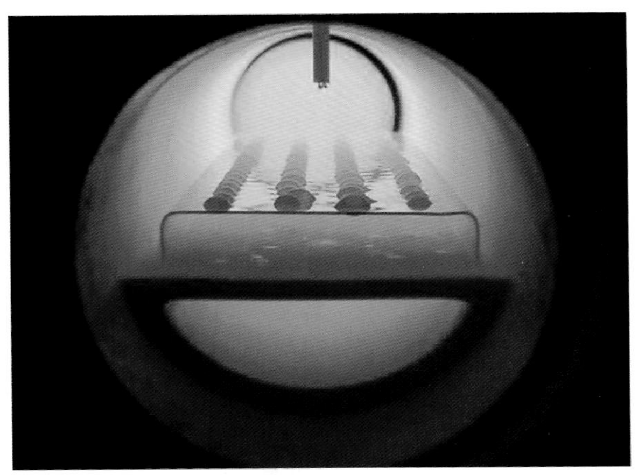

图7-2　梯度炉的材料测试与实验

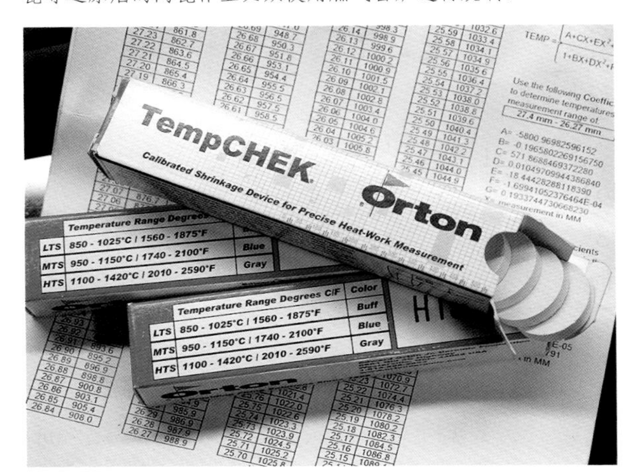

图7-3　窑炉内温度差测试用测温片与温度对照表

图7-4　陶瓷炉烧结辅助器具：硼板、硼柱

第一节 实验室窑炉

一、燃气窑炉

燃气窑炉应用于在还原焰气氛中进行的陶瓷烧制。其带有高速烧嘴，烧嘴由点火、燃烧监控、供气调节等控制元件构成，能充分确保燃烧系统和温控系统的安全性、稳定性及经济性。（图7-5）

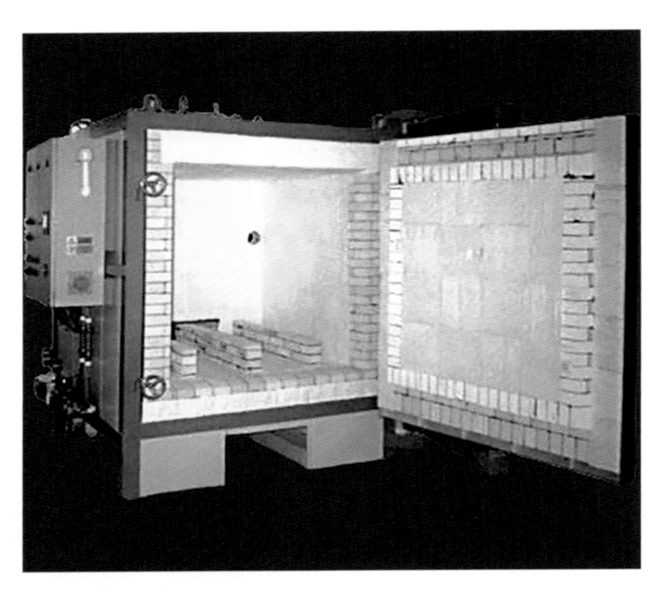

图 7-5 燃气窑炉

二、电烧结炉

电烧结炉主要由发热元件、炉体、数字温度控制器、交流接触器、风门等组成。（图7-6）

发热元件一般由圆形截面的电阻丝构成，其使用寿命取决于制造材料、发热电阻的截面积、该发热元件的结构设计和正确的烧成控制。初次使用电烧结炉时应进行空烧操作，使炉丝表面产生氧化膜以保护炉丝，使其能够正常使用。

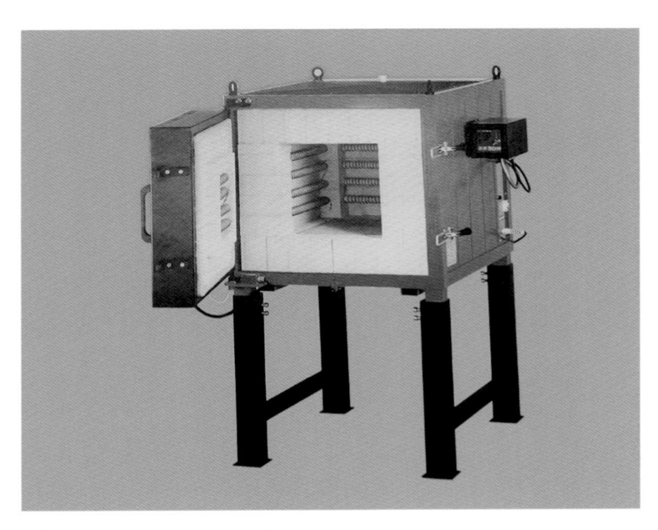

图 7-6 电烧结炉

数字温度控制器主要用于窑炉烧制温度曲线的编程与控制，使用时按使用说明书进行操作。

风门用于窑炉烧成的排风。

电烧结炉初次使用空烧制度：

1．将炉内温度设定为600℃ /6小时，主要用于焙烧，将炉内湿气烘干。

2．将炉内温度设定为600℃～ 1200℃ /0小时快烧，用于炉丝氧化焙烧，当温度达到1200℃时保温1～2小时。

3．停烧并将炉内温度降至室温。

4．空烧时开一半风门。

三、梯度炉

使用梯度炉是研究温度变化中的物质反应的一个非常有效的手段。其做法是在一次烧制过程中得到一系列通过温度的变化得知烧制过程的样品，由此研究烧制温度对陶瓷制品的收缩、烧结程度、密度变化、空隙度、吸收率、表面积、颜色变化、结晶度、相态变化等产生的影响。梯度炉的实验温度为室温至1600℃之间。（图7-7）

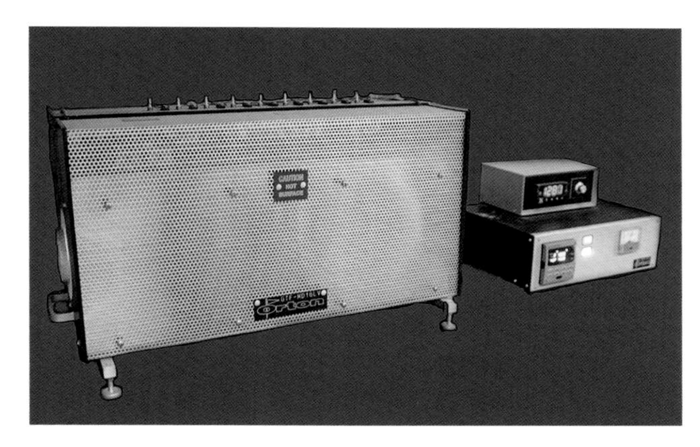

图 7-7 梯度炉

第二节 烧成操作

一、窑炉测试

窑炉的烧成温度是通过热电高温仪表（热电偶）、陶瓷测温块等测试工具进行测量的。

（一）热电高温仪表测温

热电高温仪表测量温度，是根据两种不同的金属导线的焊接处在测量时受热所产生的电动势的大小决定这一对金属导线的本性的，也取决于热接点、冷接点与该热电偶的冷端闭合线路连接处中间的温度差。在制瓷窑炉上使用最广泛的是“铂—铂铑”热电高温仪表。

（二）测温锥测温

测温锥一般是由耐火粘土、高岭土加石英、氧化铝和一定数量的熔剂制成的。它在一定的加热情况下具有固定的完全软化温度。测温时一般用5～6个测温锥一同测量，把测温锥的下底嵌入瓷泥制成的长方形底座上，并将它们放在炉内4～6个地方进行测温。当加热到该测温锥的最高温度时，它的下部虽然垂直，顶端却弯曲180°与底座相接触。这时大致为测温锥标称温度。（图7-8）

图 7-8 陶瓷窑用测温锥

（三）测温块测温

为确保窑炉的正确使用，还要在一定时间内测量热电高温仪表与炉内烧制温度之间的温度差。其测量方法是在窑炉的上下、四角放置多个测温块进行烧成测量，等冷却后，用游标卡尺测量测温块的直径，然后比对温度对应表以确定其温度值。只有在窑炉烧制中去除温度差值，才能做到烧制时心中有数。

二、实验室窑炉基本操作规范

首先需要对新购置的窑炉进行全面的检查。

1. 检查窑炉与气瓶的分室隔离布放情况，以及窑炉房间是否安装排风设施。

2. 检查气瓶与管道、开关、节门、仪表等连接处是否漏气。方法是：首先，将室内排风打开；然后，将窑炉所有燃气嘴下的阀门关闭；接着，打开气瓶手动节门使管道充满气体；进而用浸满洗涤液泡沫的海绵逐一擦拭气瓶节门、管道、开关、阀门、仪表等连接处，检查是否有气体逸出，如有问题应及时排除故障。

3. 检查窑炉后部烟道、烟筒是否通畅，安装得是否牢固。

4. 检查温度仪表、调压器是否正常。

5. 检查电源安装是否按照要求匹配电源与线路。

三、实验室安全管理制度

为确保实验室设备和实验人员的安全，师生需要严格遵守以下使用规定：

1. 仪器设备要定期维护、保养，要严格遵守操作规程，出现故障要及时修复。

2. 未经允许，不得将室内物品携出室外，不准将易燃、易爆物携入室内。

3. 室内供电设施、线路要定期检查，遇有破损等异常情况应及时维护、修理。

4. 消防设施应齐备，灭火器材要经常处于可用状态，实验人员要会熟练地使用消防设备，遇有火情要做到断电、报火警、灭火。

5. 实验完毕，务必关闭水、电，锁门关窗，并检查仪器等是否复原。

参考文献及注释

［1］李家治.中国科学技术史·陶瓷卷.科学出版社，1998

［2］［3］程在廉.磁州窑地质研究中的几个问题. 河北陶瓷，1986年第2期

［4］出自《史记·滑稽列传》

［5］磁县文化馆.河北磁县南开河村元代木船发掘简报.考古学报，1978年第6期

［6］马小青.河北境内磁州窑的内河运输.邯郸职业技术学院学报，第19卷第2期，2006年6月

［7］叶喆民，马忠理.中国磁州窑.河北出版社，2009

［8］北京大学考古系，河北省文物研究所，邯郸地区文物保管所.磁州窑观台窑址三号窑（Y3）平、剖面图.观台磁州窑址·图九.文物出版社

［9］冯先铭.河北磁县贾壁村隋青瓷窑址初探.考古学报，1959年第10期

［10］《邯郸陶瓷史》编写组.贾壁青瓷窑制瓷工艺的初步分析.考古学报，1960年第1期

［11］张子英.磁县古代陶瓷工业烧造的三个区域.文物春秋，1992年第3期

［12］叶喆民.磁州窑综述.中国磁州窑（上卷）.河北美术出版社，2009

［13］李家治.中国科学技术史·陶瓷卷.北京科学出版社，1998

［14］北京大学考古系、河北省文物研究所、河北省磁县观台磁州窑遗址发掘报告.文物，1990年第4期

［15］［16］［17］［18］［19］［20］刘志国.关于磁州窑原料的研究.陶瓷研究，第5卷第2期，1990年6月

后记

本教材的编写经历了磁州窑传统制瓷工艺素材的拍摄和搜集的全过程，其中包括笔者多年来在从事首都师范大学美术学院磁州窑陶瓷实验教学的过程中的课堂总结和经验积累，篇幅虽然有限，却断断续续地经历了5年的时间，反复重写，几经易稿，如今总算是要完成了。回想当初，这对于一个没有爬过“格子”的人，是那么的惆怅，那么的思绪万千，那么的不着边际。要不是与我的导师闫保山先生传承磁州窑文化的约定在先，要不是首都师范大学美术学院教学实验中心主任韩振刚教授安排编写磁州窑教材，要不是十几年磁州窑陶瓷教学实验给予我的“陶冶”与教化，恐怕教材能否完稿都是个问题，更不要说为磁州窑文化的传承添砖加瓦了。

现在看起来，虽然教材已成形，我也尽了全力，但这只是我对磁州窑制瓷文化浅显的了解和感悟，字里行间难免有这样或那样的问题和疏漏，至此，还请大家原谅我的冒昧、冲动与无知。当然，我更愿意接受大家的意见和指导！在该教材中，本人依据多年的教学经验，从多个角度记述了对磁州窑的体验和认知，因其能够为大家了解、认识磁州窑文化带来些许的思考，我感到无比欣慰！

在对本书中有关传统磁州窑民间制瓷工艺材料与工艺知识进行撰写的过程中，我还得到了张生广、孟明德、张振明、闫润辰、李树明、闫英、闫亮等工艺传承人的亲授示范；在此也一并对编写过程中丛书主编韩振刚院长给予我的帮助及首都师范大学美术学院的同仁们在磁州窑民间制瓷工艺实验教学中对我的支持表示最衷心的感谢；在此也对本书所引用的参考文献和图片的作者致以深深的谢意。

最后，谨以此书献给我深爱的磁州窑民间制瓷文化。

首都师范大学美术学院　胡远

2015年12月

高等院校设计类专业辅导教材

十五天玩转

手绘自由表现·景观篇

Master Landscape Hand-drawing Free Performance in 15 Days

北京七视野文化创意发展有限公司 策划

丛书主编/刘程伟 王雪琨 周贯宇 本册主编/王雪琨 高文漪

七手绘 QI SHOUHUI

中国建筑工业出版社
CHINA ARCHITECTURE & BUILDING PRESS

图书在版编目（CIP）数据

十五天玩转手绘自由表现·景观篇 / 王雪垠,高文漪本册主编. — 北京 : 中国建筑工业出版社，2014.5
ISBN 978-7-112-16776-0

Ⅰ. ①十… Ⅱ. ①王… ②高… Ⅲ. ①景观设计—绘画技法 Ⅳ. ①TU204②TU986.2

中国版本图书馆CIP数据核字(2014)第080893号

责任编辑：费海玲　杜一鸣
装帧设计：肖晋兴
责任校对：姜小莲　关　健

高等院校设计类专业辅导教材
十五天玩转手绘自由表现·景观篇
北京七视野文化创意发展有限公司　策划
丛书主编：刘程伟　王雪垠　周贯宇
本册主编：王雪垠　高文漪
*
中国建筑工业出版社出版、发行（北京西郊百万庄）
各地新华书店、建筑书店经销
北京盛通印刷股份有限公司印刷
*
开本：880×1230毫米　1/12　印张：$17^1/_3$　字数：519千字
2014年5月第一版　2014年5月第一次印刷
定价：70.00元
ISBN 978-7-112-16776-0
(25584)

序言

众所周知，在设计行业中，审美能力、观察能力、表现能力、沟通技能等都是很重要的专业素质，良好的手绘表现能力更是一个设计师必备素养。手绘自由表现不仅是一种呈现设计成果的手段，更是一种行之有效的，能让设计师提高审美能力、观察能力，培养艺术家一样的敏锐度的绝佳途径。与如今大受青睐和追捧的电脑渲染相比，它更注重创意的捕捉与推敲，注重设计活动过程。在设计的过程中，手绘帮助设计师抓住转瞬即逝的灵感，使设计更有创意；在与业主交流的时候，手绘帮助设计师充分地传达想法，使沟通更高效。因此，手绘不仅仅是一项技能，也是一门博大精深、值得人孜孜以求的艺术。

如今市面上关于手绘表现的书层出不穷，然而千篇一律的内容已然形成固化模式，让初学者难以取舍。这种模式化，主要体现在两点，一是不能“因材施教”，用同样的手法去指导所有的学生，画的都一样，最终的结果也是严重同质化的，这样就丧失了手绘的艺术性。固有的表现手法，看似能让人快速入门，但以失去个性为代价，是得不偿失的。一种表现手法如果泛滥成灾，对于设计这个因创意、个性和活力而繁荣的领域来说，将是一个令人担忧的悲剧。二是画面没有特点，不能充分表达自己的个性与独到的理解，手绘从某种意义上就是为了传达和表现，若画面毫无特色，也将让人不知所云。

手绘具有如此举足轻重的地位，那么如何去练习？在此笔者提几点个人见解。第一，方法很重要。我们常说的“勤学苦练”，也是说要勤学方法，再苦练求进步的。如果方法不当就盲目苦练，只会让我们离正确的目标越来越远。因此笔者建议，在手绘学习中，初学者可以先博览众长，大量阅览各种风格类型的作品，提高眼界的同时，也能找到适合自己个性的风格，可谓一石二鸟。找准自己的风格定位后，选择相对应的表现语言，再将自己的想法融入其中，自然就事半功倍。第二，练习的过程中尽量找到手绘和兴趣的结合点，若都画专业领域里的东西，久了不免枯燥，失去了绘画的乐趣，也难以坚持练习。所以不妨试着表现自己喜欢的东西，不带目标也没有压力地去绘画。敞开心扉，跟着自己的直觉走，假以时日，就一定能找到属于你自己的表现语言。第三，要有持之以恒的学习精神。在技能不够熟练的时候，我们往往难以随心所欲、淋漓尽致地表达出自己想要的效果，但只要方法正确了，持之以恒地付出，最终一定会有志者，事竟成，让量变走向质变！

据了解，“七手绘”是新锐的、充满活力和朝气并日臻成熟的艺术教育机构，其教育理念走在行业的前沿——注重手绘的多元化发展，崇尚个性、拒绝模式化。这些理念非常贴合当今教育的需求，并让我们有理由相信：人人都是艺术家，人人都能有独特的创意！从创办之初到如今的蓬勃发展，七手绘一直以满腔的热情投入对艺术教育的真正地思考和研究中，注重“因材施教”，注重对个性的培养，更注重用艺术教育激发正能量、挖掘人的深层潜力。有这样的发展导向，相信会有不错的未来！

笔者翻阅本书数遍，也与作者交谈良久，发现本书内容翔实，确实贯彻了反模式化的理念。文字和图画虽然静默无言，却不难看出作者的立场和坚持，这一点，是在后辈青年们中不多见的，实属难得。故作此序，以勉励广大的青年同志、同学竞相学习，共同进步！

2014.5.5.

前言

一个整体思维活动中，手绘要捕捉瞬间即逝的灵感、记录自己的想法，方案推敲过程中与设计师及业主的便捷沟通、向甲方展现最后的效果，每一步都体现了手绘自由表达无可替代的作用以及重要性。儿童涂鸦、艺术家速写创作、插画动画师人物场景设定、设计师概念的推敲、创意师文案的表达，这些都可以统称为手绘自由表达，而不能简单地定义为手绘快速表现，一旦理解为快速表现，那就少了很多手绘表达的多样性与灵活性，所以在此叫做手绘自由表达。是手与思维最紧密的结合，最完美的同步。手绘快速表现这一概念从来没有人去质疑，使得许多新手认为手绘只要快就行，而手绘表达，其中最重要的是灵活自由的表达，如忽略了自由这一便捷性的概念，那就积累不了许多经验，表达事物都流于形式。从笔者多年的教学经验得出，必须重新审视手绘表达，将手绘的自由性表现得淋漓尽致，手绘自由表达不仅仅是一种表达手段，更是推敲思维演练的最佳媒介，手绘自由表达更重要的目的是表达我们的思维，将脑子里瞬间即逝的灵感火花捕捉住，自由表达强调的是随时、随地、随意。

手绘自由表达的四大功能：

1. 捕捉性：生活中瞬间即逝的灵感
2. 记录性：旅行中的所见所闻
3. 沟通性：工作中的思维沟通神器
4. 展示性：思维活动成果展现

而现在大部分人只重视手绘的展示性功能，这无异于捡了芝麻丢了西瓜。

如今市面上关于表现类别的书籍层出不穷，诸如线条的练习、单体的刻画等相关技能的讲解，以于掌握了许多表面技巧而变得模式化，却忽略了手绘的灵活性与趣味性，而没有能力与意识自由地表达思想、记录自己每天的生活状态——衣食住行。

反模式化：目前许多相关的培训班把手绘效果图表现性这一次要功能发挥得尽善尽美，而忽略自由的表达，那么应运而生的各种模式就出现了，在此我们呼吁广大手绘学习及爱好者应当尽情、随意、自由地描绘自己的生活艺术馆。

设计思维的爆发阶段与艺术创作的草图速写阶段类似，所以手绘自由表达的艺术性、自由性、随机性对活跃设计思维的作用是巨大的，手绘草图能激发与开拓设计者的思维空间、想象力与创造力，唤醒设计的欲望，设计表达应从重视技术转到思维与技法的完美结合，即强调表现设计思维由产生到结果的层层递进关系上来。图像表达的多样性就体现在构思的各个阶段，手绘自由表达应更侧重草图技能与创意分析图等方面的积累。作为设计师，徒手草图能力是一项十分重要的专业技能，是不可以丢弃的，许多设计师仅仅只用电脑去表达，以至于许多方案设计起来很被动。另外随着业主的文化素质逐渐提高，对设计的艺术性以及合理性的要求越来越高，并不是简单看一下逼真的电脑效果图，所以手绘自由表达是持之以恒的事情，它的作用主要体现在用手绘自由表达、记录生活想法的过程中，潜移默化地提高了审美能力、艺术设计素养，改善人们观察生活的方式，养成良好的习惯。

本书使用说明

这是一本实用、高效、教程型手绘表现书籍。传统的手绘都以量作为突破的硬道理，但“七手绘”教研组在众多艺术教育专家、高校教授指导下，经过长期教学实践和研究已总结出一套与时俱进的高效练习方法。传统的手绘线稿练习都是先画单体，再画完整图的逻辑进行教学，但绝大部分人能画出精细的单体，但还是难以画出满意的空间线稿，主要原因在于在画完整图前没有熟练的结构线、装饰线练习和透视空间比例意识。上色时只能画出固定的效果不能充分表达设计，主要在于模式化手绘表现方式限制了设计者。

针对上述问题，“七手绘”将课程章节内容及顺序进行了革新：

1. 每章节前有一页原理图，用于理清学习思路、逻辑关系及章节要点，并附有时间表，用于控制练习时间和数量，书中范例有详细的分析讲解，对您手绘进步速度有至关重要的作用。

2. 章节特点及优势

第一章：线，通过多种练线方法了解线的本质，熟练结构线与装饰线，为之后的透视练习打下良好基础，找到适合自己个性的线条。

第二章：空间透视，在透视练习中重点强化透视意识和观察方法，让有限的练习能起到事半功倍的效果，运用结构线参照法、空间比例推敲法能根据平、立面图精准地画出人视图和鸟瞰图。

第三章：景观元素，在元素练习中会重点了解自然形式规律，不同元素有不同的绘制要领，各个攻破。

第四章：线稿处理，强烈的透视意识和各类型的元素作为基础，在画完整图时对线稿进行处理的多种方法变得更加易懂易学，课程中剖析画面本质问题，授课过程效率极高而且轻松愉快。

第五章：马克表现，与传统的马克笔上色不同，课程讲解色彩本质问题：色彩原理，深入分析马克笔笔法和性能，并大力研究和改进工具，运用各种“神器”弥补马克笔的不足之处，可以绘制出各种各样的画面效果。

经过“七手绘”反模式化训练能让您学会多元化的表现方式；能让设计的特点和创意得到充分表达；能大大增强您的创意能力。

目录

Contents

第一章 线

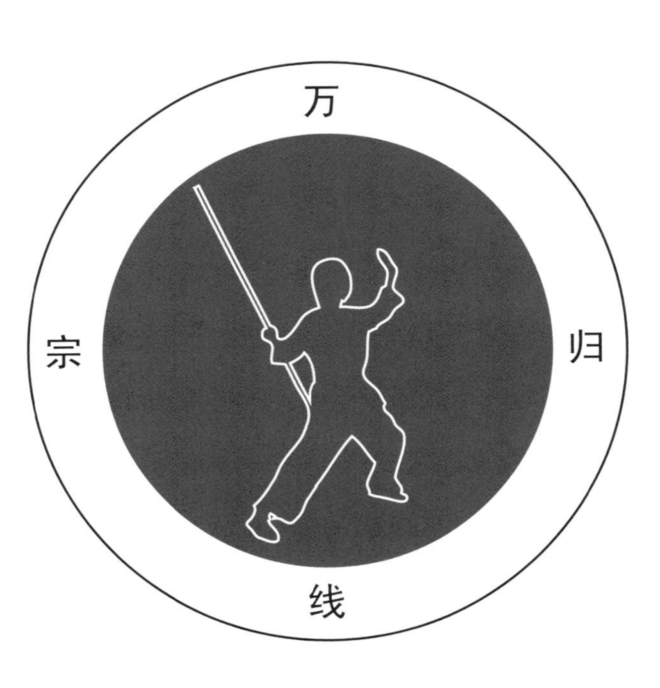

第一节 线的本质

第二节 握笔原则

第三节 常见问题

第四节 练习方式

第一节 线的本质

笔者将线条的练习概念分为结构线与装饰线。结构线可以理解为物体的外轮廓线、空间透视线。其作用为稳固形体、统一画面、贯穿空间，是画面的骨架。所以结构线需要干净利索、肯定、坚实有力。装饰线包括物体的肌理刻画、细节刻画、质感刻画等装饰处理，是画面的血肉。

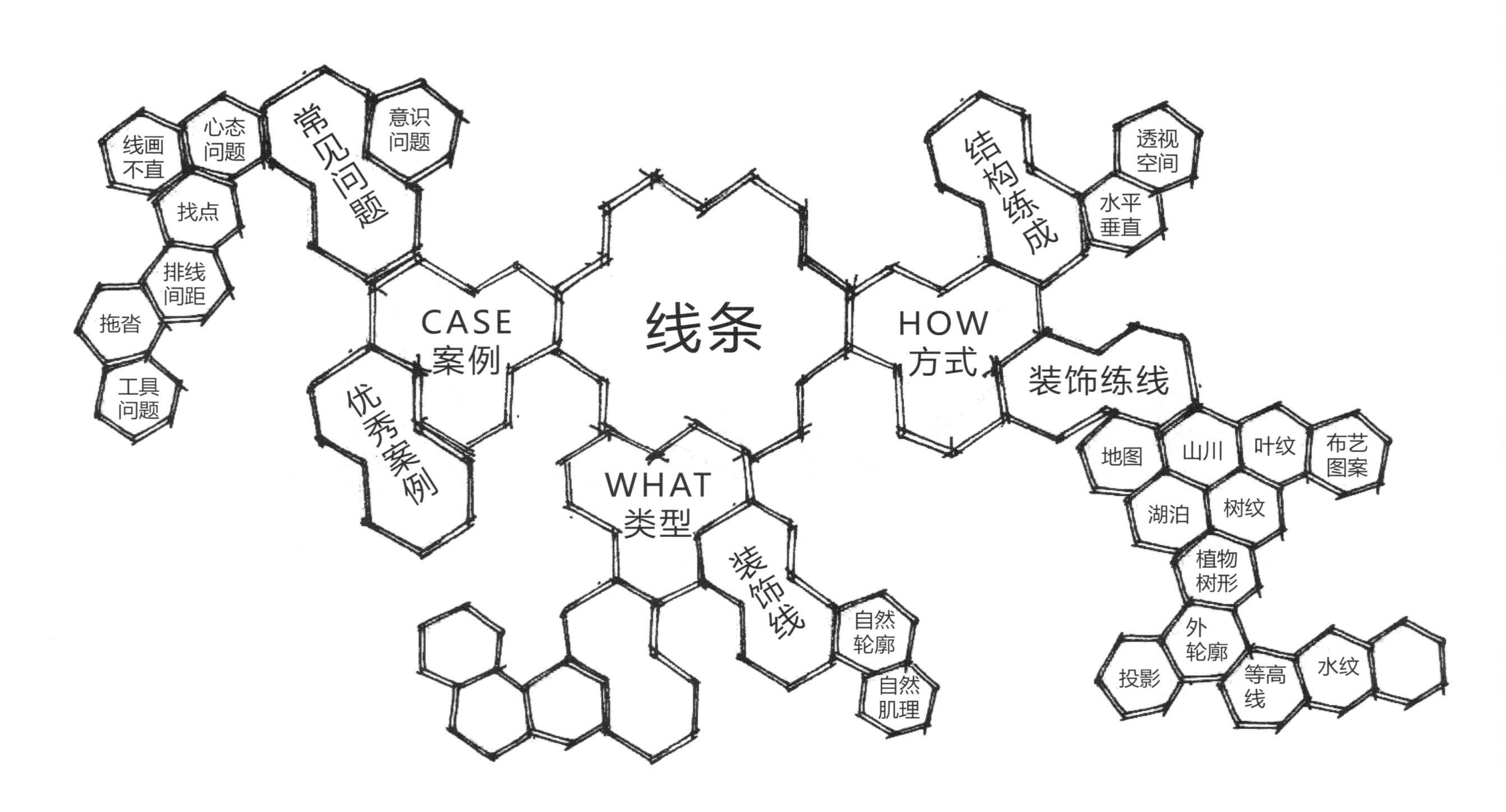

线条分为结构线与装饰线，在练习结构线与装饰线时有对应的练习方法，在课堂中进行优秀案例分析与常见问题分析。

练习内容	时间	纸张数	天数
平行垂直线	3 小时	10 张	共一天
透视结构线	3 小时	10 张	
装饰肌理线	4 小时	20 张	

第二节 握笔原则

2.1 错误握笔

初学者的握笔姿势会显得很僵硬，握笔的方式不对，当然画线时也会影响效果。比如线的方向、速度、力度都会减弱。不当的握笔姿势如写字一样容易遮挡视线。（图 1）

2.2 中短线握笔

中线时需要动手腕，短线只需动手指。画长短不一的线条需灵活运用关节点的位置，将笔尖所画区域暴露于视野之中，让眼睛能看见笔尖的走势，让作画者能精准控制线条的长短与间距。（图 2）

2.3 长线握笔

画长线的两种用力方式。悬浮式：保持手指与腕部、肘部支点不动，围绕肩关节运动。肘部支点式：手指与手腕保持不动，围绕肘支点运动。（图 3）

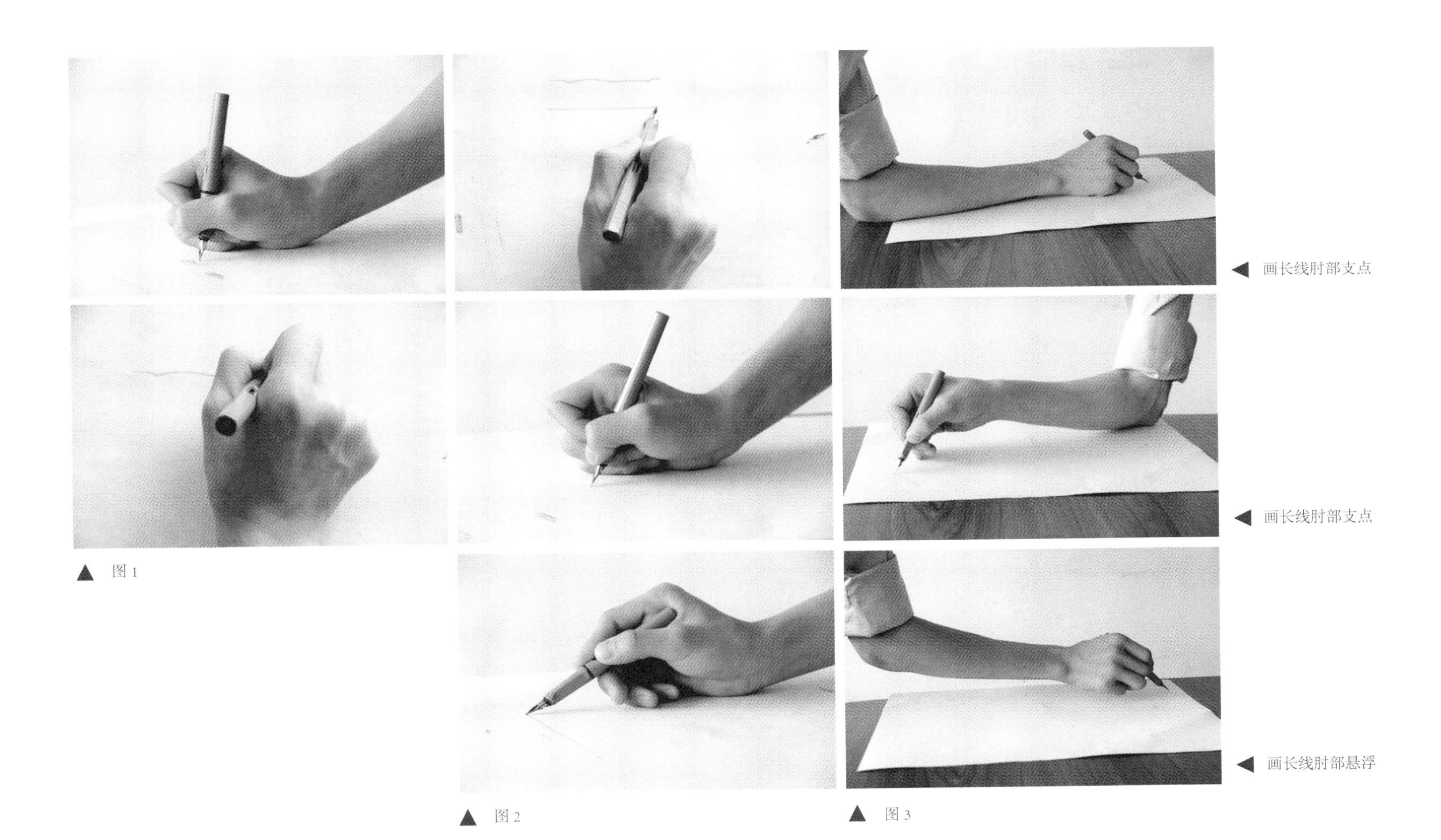

◀ 画长线肘部支点

◀ 画长线肘部支点

◀ 画长线肘部悬浮

▲ 图 1

▲ 图 2

▲ 图 3

第三节 常见问题

3.1 问题心理分析

3.1.1 线的认识问题：认为画线只要直就好，画线的时候只把注意力集中在线条本身，孤立画线时很直，一旦在透视空间画线就不敢画。或者画的线飘、磨蹭、不肯定，线条的练习目的在于灵活自如地控制线条。

3.1.2 不敢画：害怕线条不直，所以画得很揪心，不肯定，不敢概括，勇于突破心理障碍，在试错中成长。

3.1.3 磨线：害怕画不准，一点一点地磨，导致线条琐碎。应干净利索。

3.1.4 飘线：控制不了线条长度，画线头重脚轻，起笔与落笔不肯定，画线应目标点明确，养成找点画线的习惯。

3.2 错误案例分析

3.2.1 此图的用笔拖沓，磨的痕迹太多，个别线条透视方向出现错误。直线用笔时要快速、利落、不磨、不拖沓、力度感强。

▶

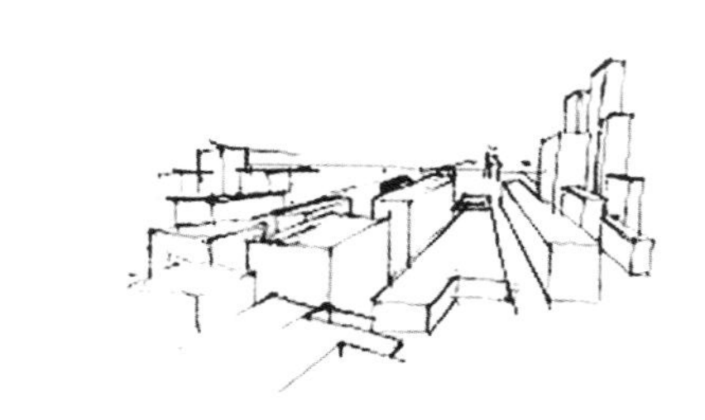

3.2.2 此图的垂直线与水平线均不够到位，排列装饰线时没有把控好间距及疏密关系。标准的一点透视里，要保持线条的垂直与水平。

▶

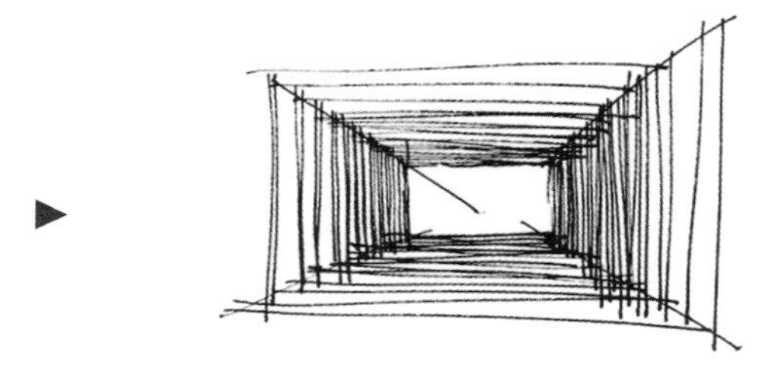

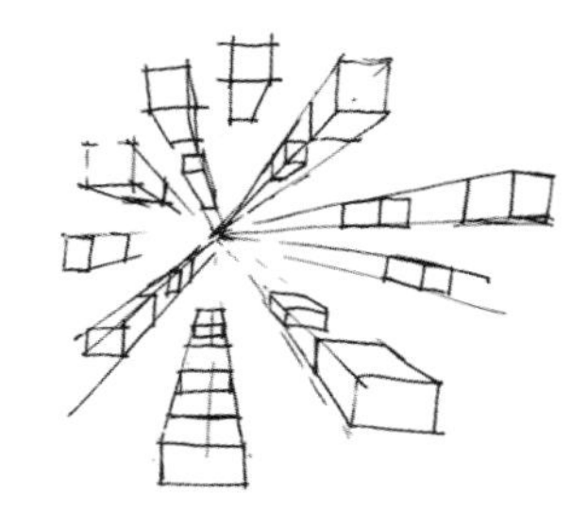

3.2.3 此图的建筑物的装饰线没有按照建筑结构走。地面透视线完全忽略近大远小的透视规律。排线时应按照透视方向有规律的排线，并保持适当的间距。过多的装饰线会减弱结构线的效果，此时应再次强调结构线。

▶

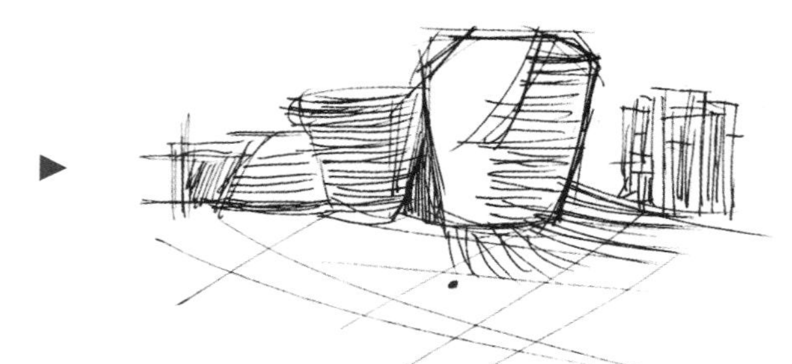

3.2.4 此图的左右两个灭点不在同一条水平线上，要注意排线疏密，注意间距与变化，遵循近疏远密的关系。

▶

第四节 练习方式

4.1 结构线练习方式

4.1.1 平行垂直轴线练习法

此方法可以解决画线胆怯、握笔姿势错误、心情浮躁等问题，不断练习可以加强对线的控制力，能快速自如地画出平面结构图。

4.1.2 透视结构线练习方式

此方法练习积累到一定数量能快速准确地在透视空间中画线，同时能了解透视规律。

一点 ▶

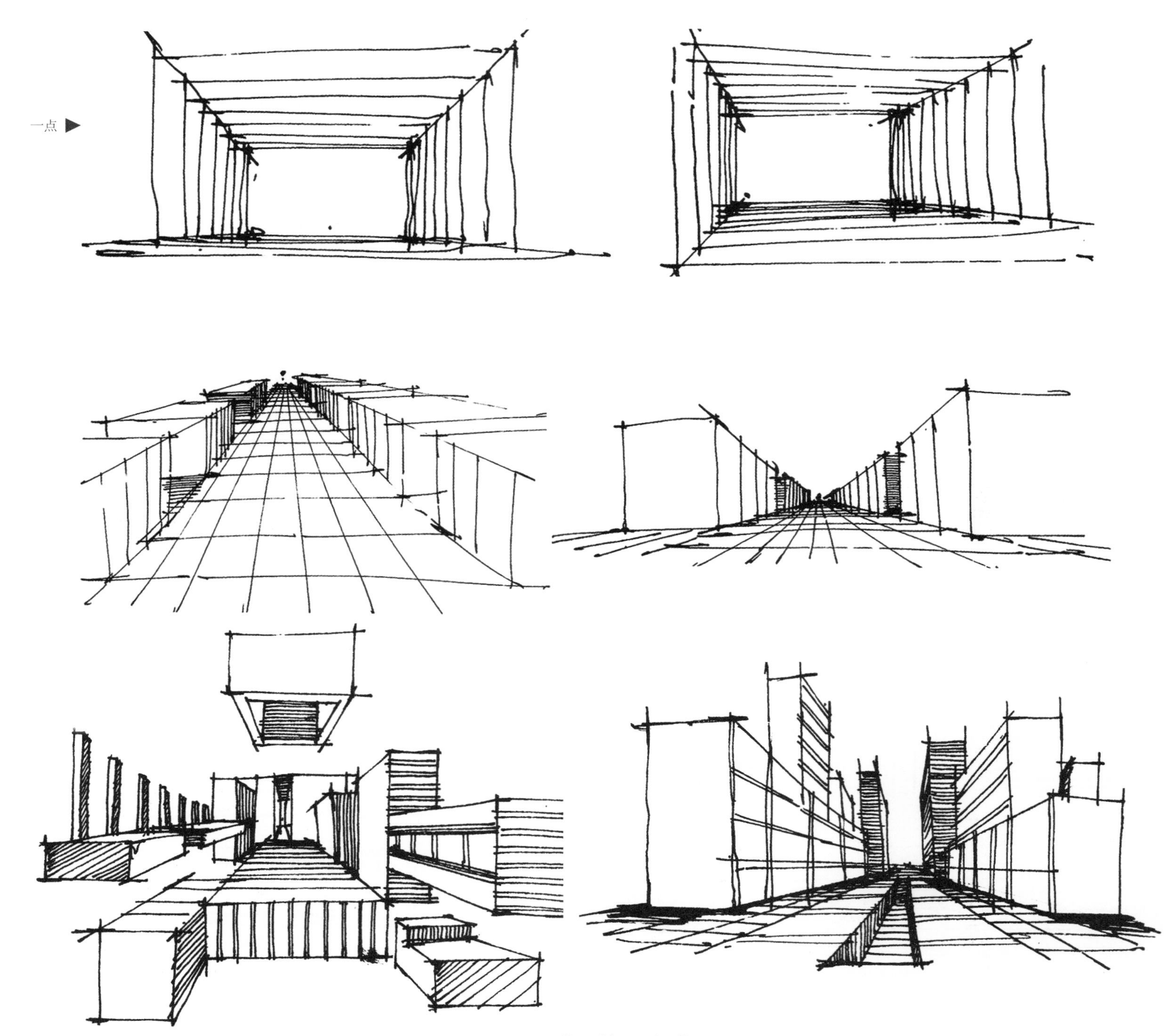

两点 ▶

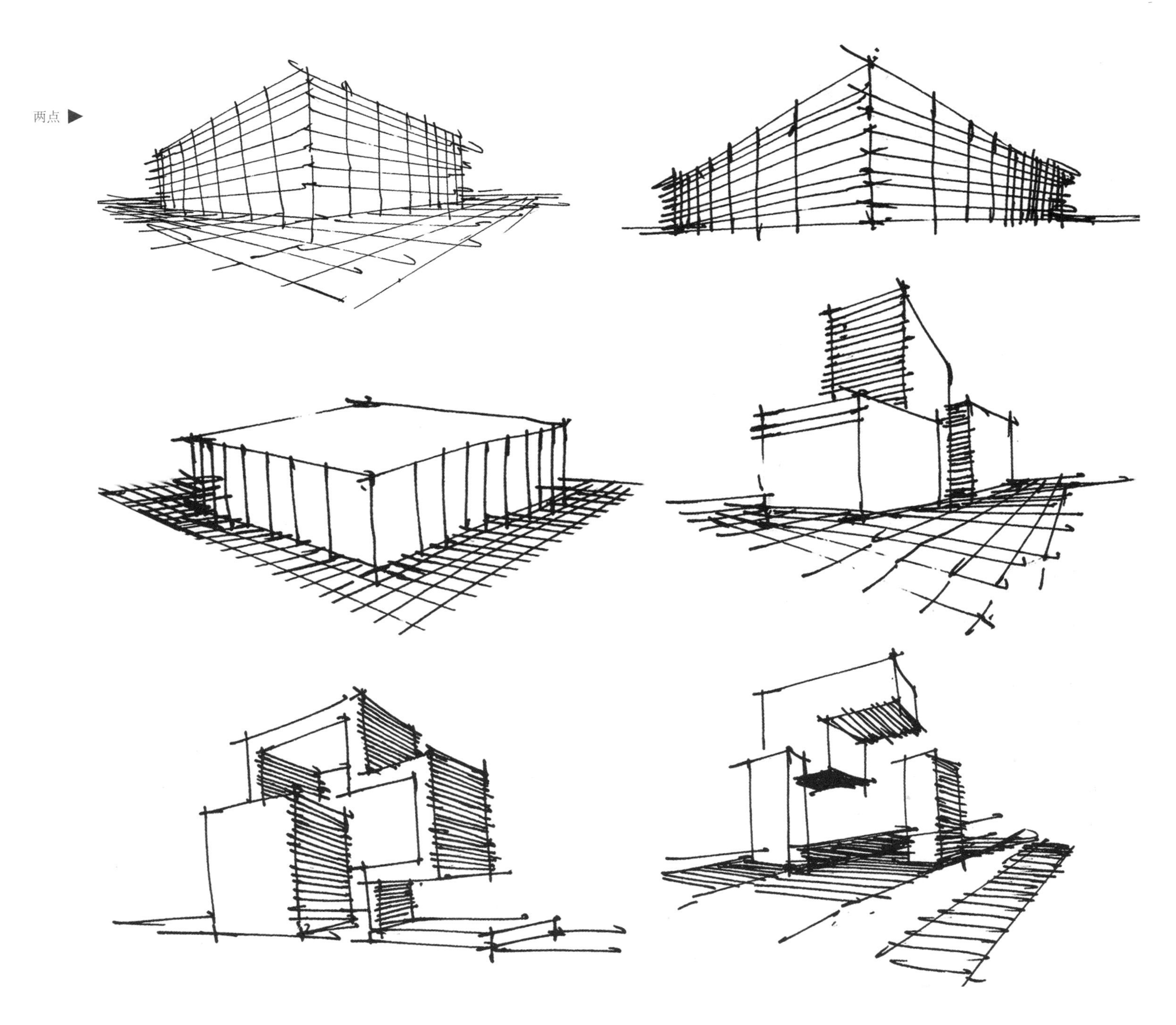

4.2 装饰线练习方式

4.2.1 肌理线练习

熟悉不同材质外表的肌理感，同时可以锻炼线条表达细节的材质感与疏密关系。

4.2.2 轮廓节奏线练习（1）

此方法可以解决画线缺乏节奏感的问题。自然物体外轮廓都具备疏密、轻重、缓急等节奏感，只有反复用画笔寻找不同物体的外轮廓节奏感，这样徒手画出的轮廓线才有自然美感。

4.2.2 轮廓节奏线练习（2）

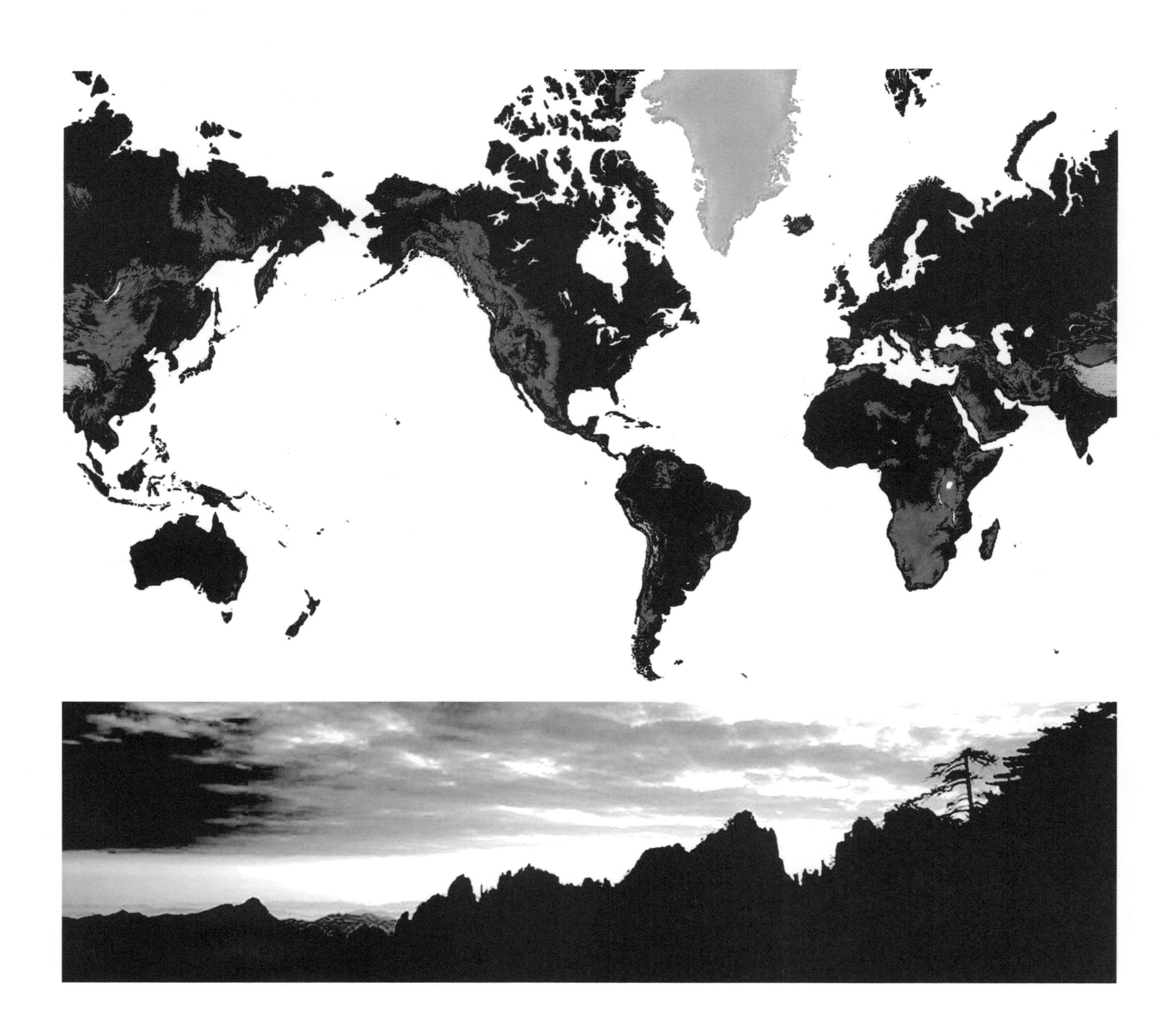

4.2.3 投影线练习

此方法能有效解决排线问题，认识线的本质作用，同时能快速熟练透视规律。

练习几何体明暗关系时要注意控制线条的疏密、匀称等问题。

第二章　空间透视

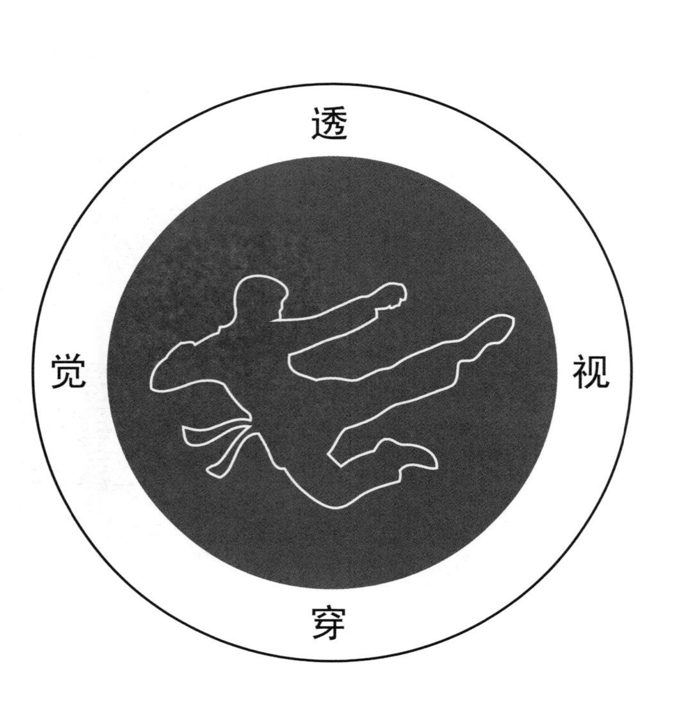

第一节　要点架构
第二节　一点透视
第三节　两点透视
第四节　空间推敲
第五节　常见问题

第一节 要点架构

透视分为一点、两点、三点透视，对其规律进行精细讲解，针对不同透视会有不同的观察方法和练习方法，在课堂中进行优秀案例分析与常见问题分析。

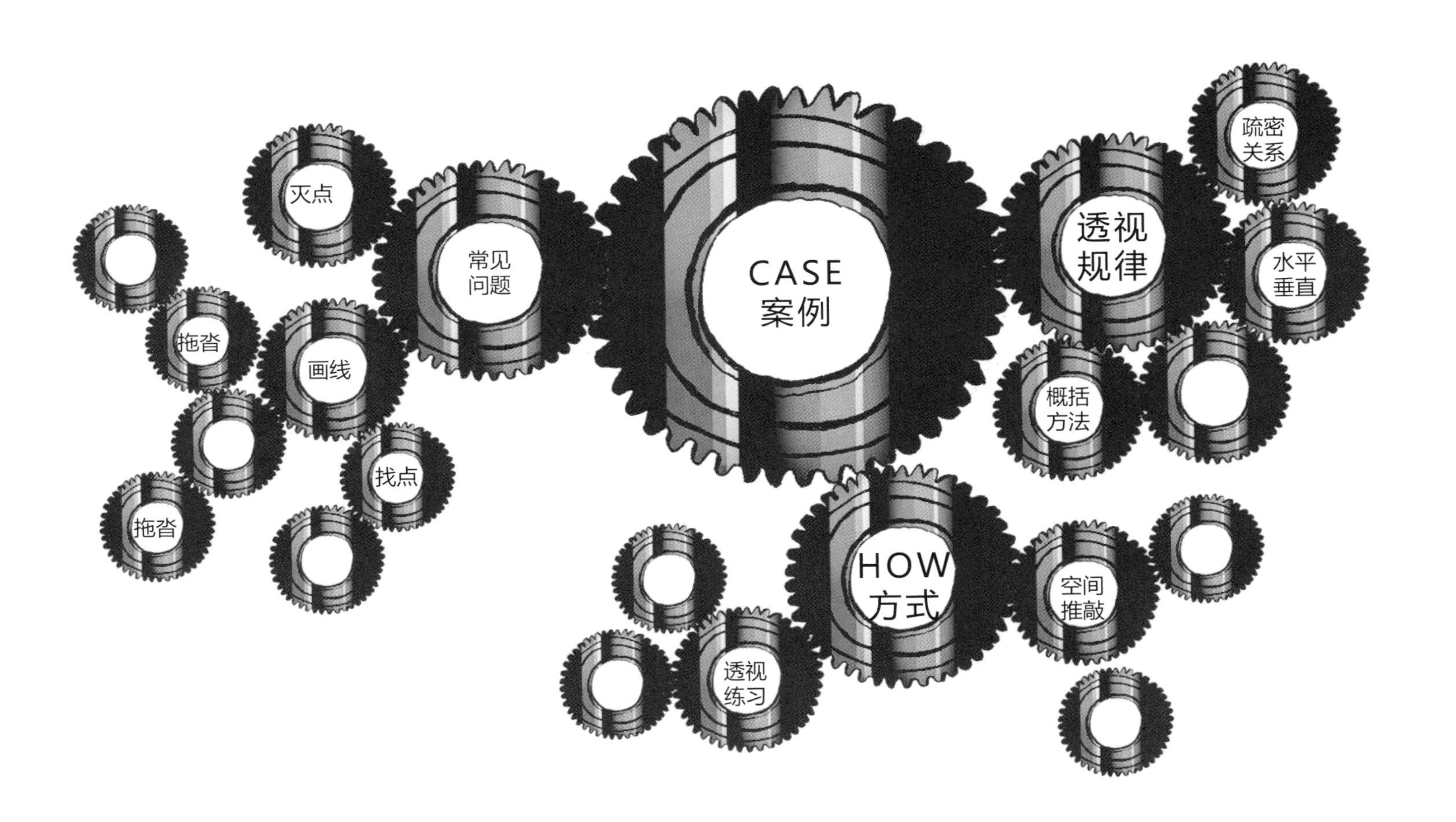

练习内容	时间	纸张数	天数
一点透视	10 小时	20 张	共三天
两点透视	10 小时	20 张	
空间推敲	10 小时	10 张	

第二节 一点透视

2.1 一点透视规律

画面只有一个消失点、画面中垂直的线永远垂直、水平线永远水平，近大远小、近疏远密、万线归宗。

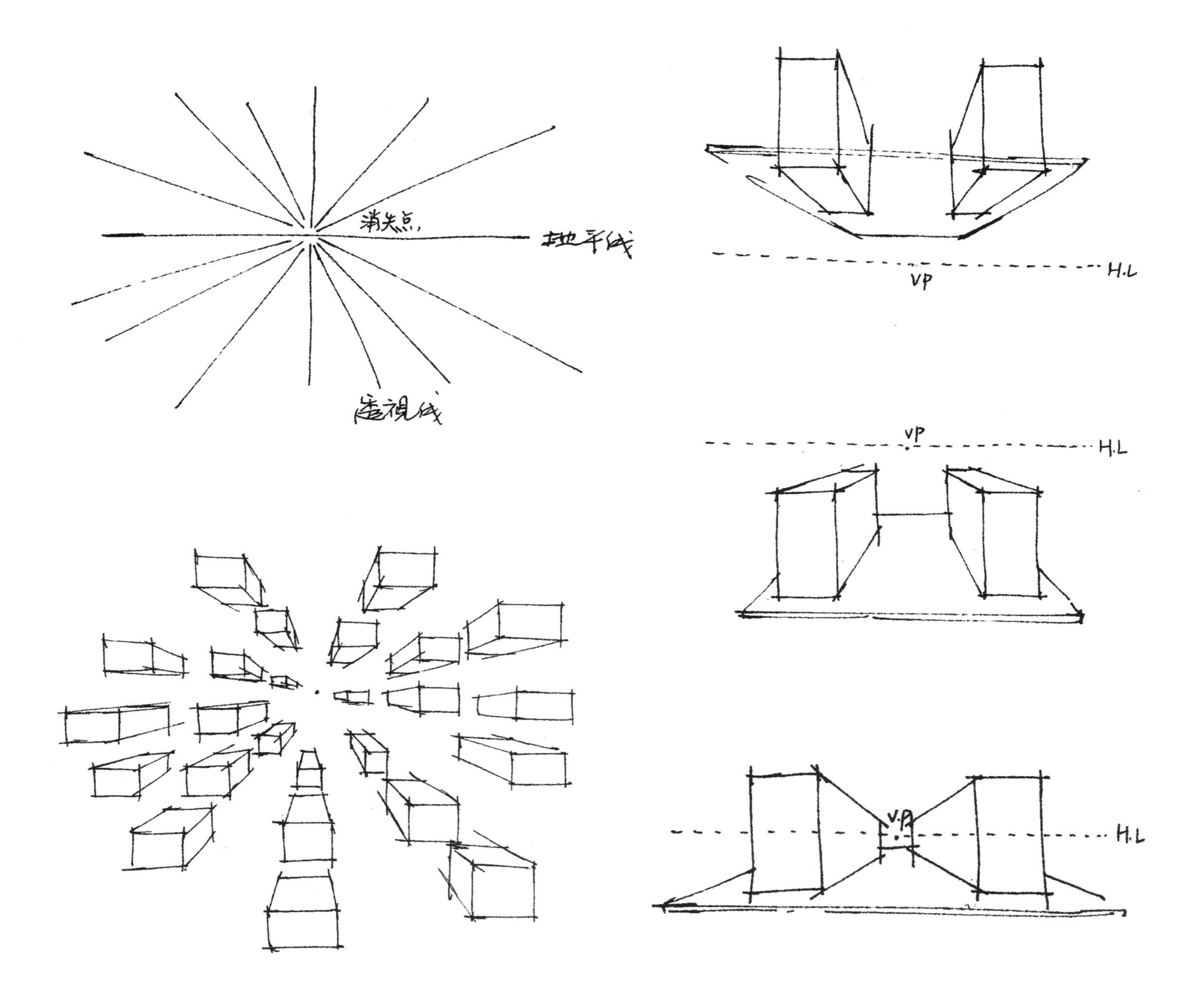

2.2 一点透视练习方式（1）

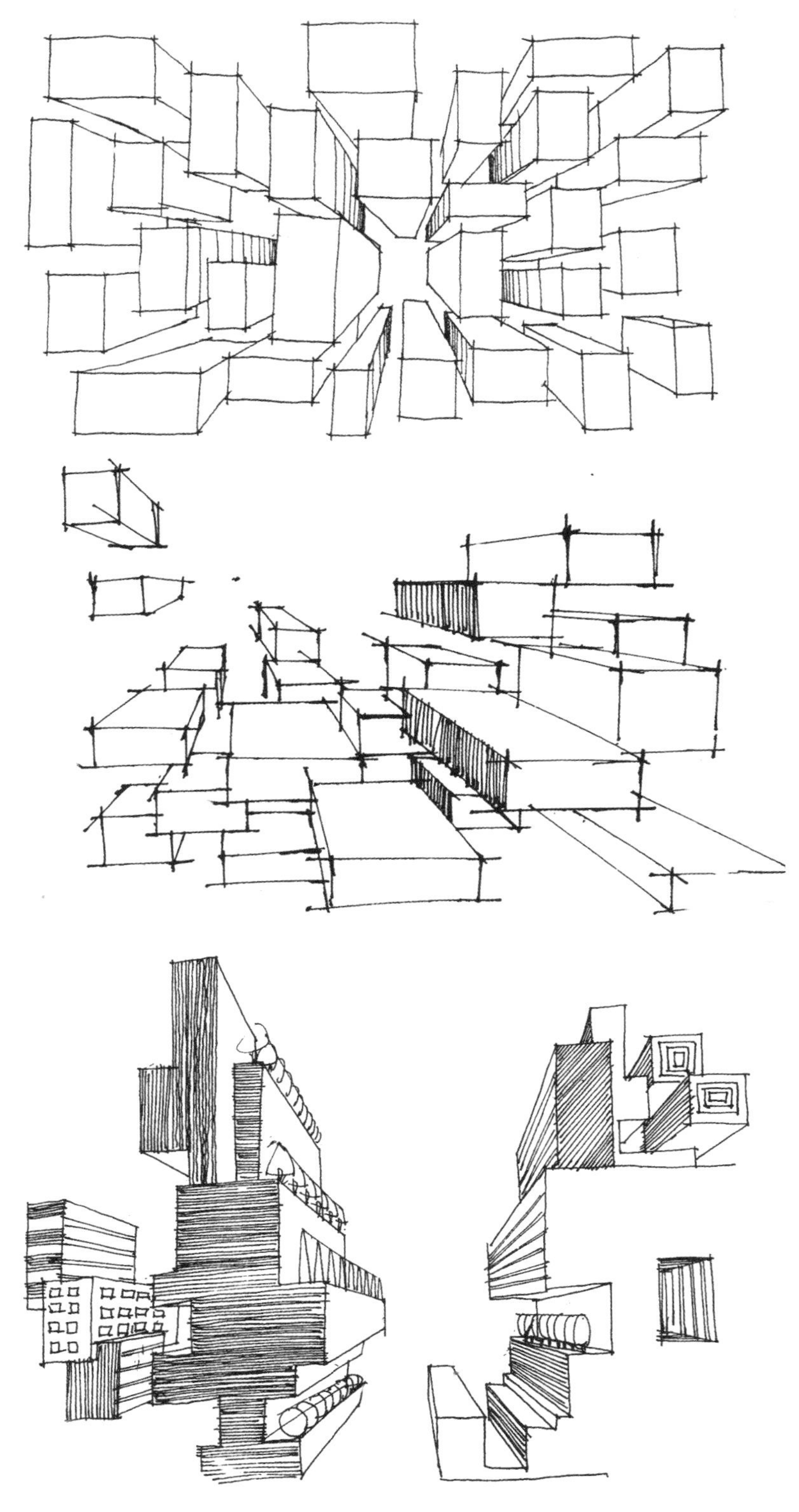

2.2 一点透视练习方式（2）

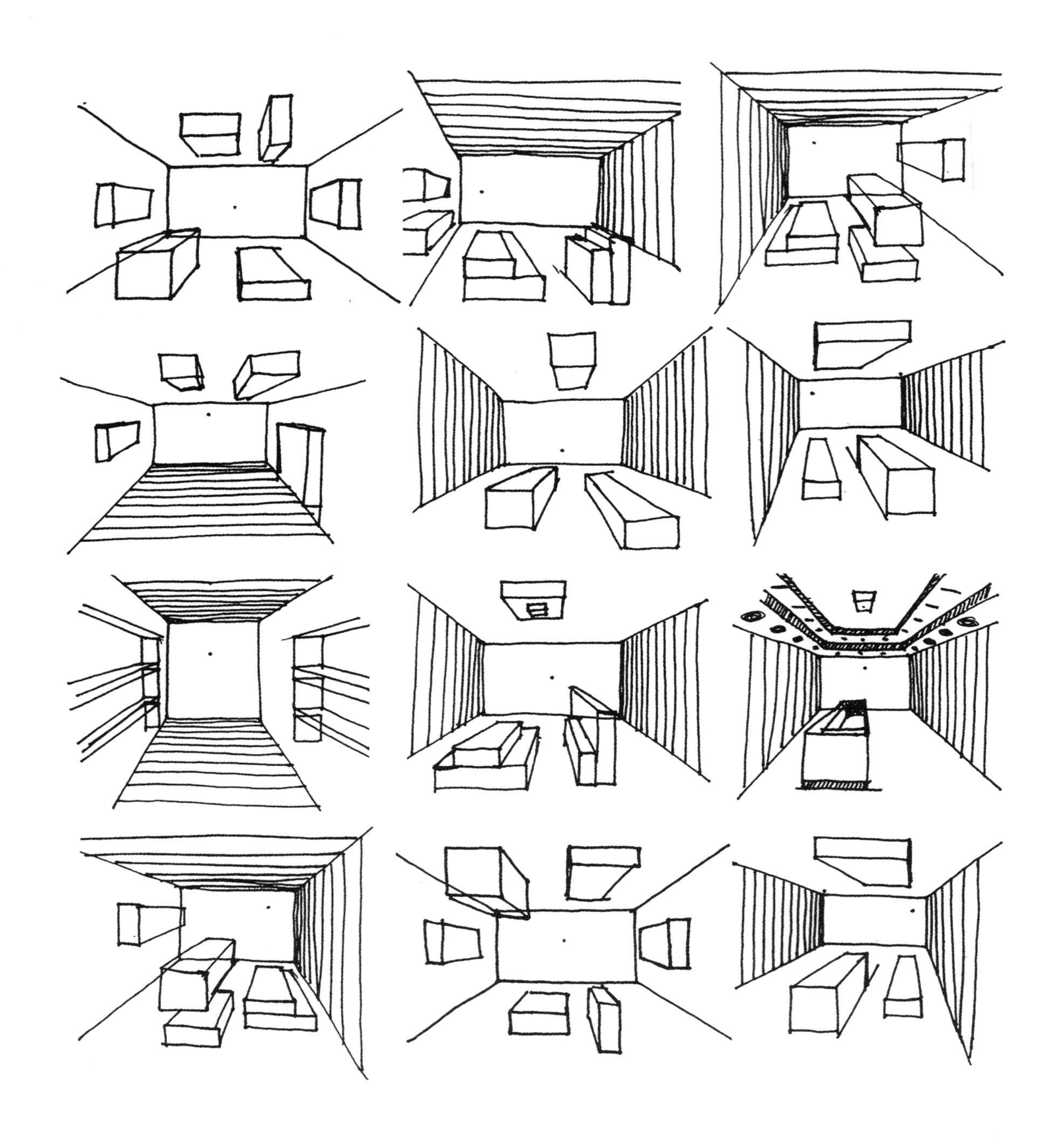

第三节 两点透视

3.1 两点透视规律

两点透视空间中的物体与画面产生一定的角度，物体中处于同一面的结构线分别向左右两个灭点消失，空间中垂直线永远垂直，近大远小、近疏远密、左右透视线渐变消失于灭点。

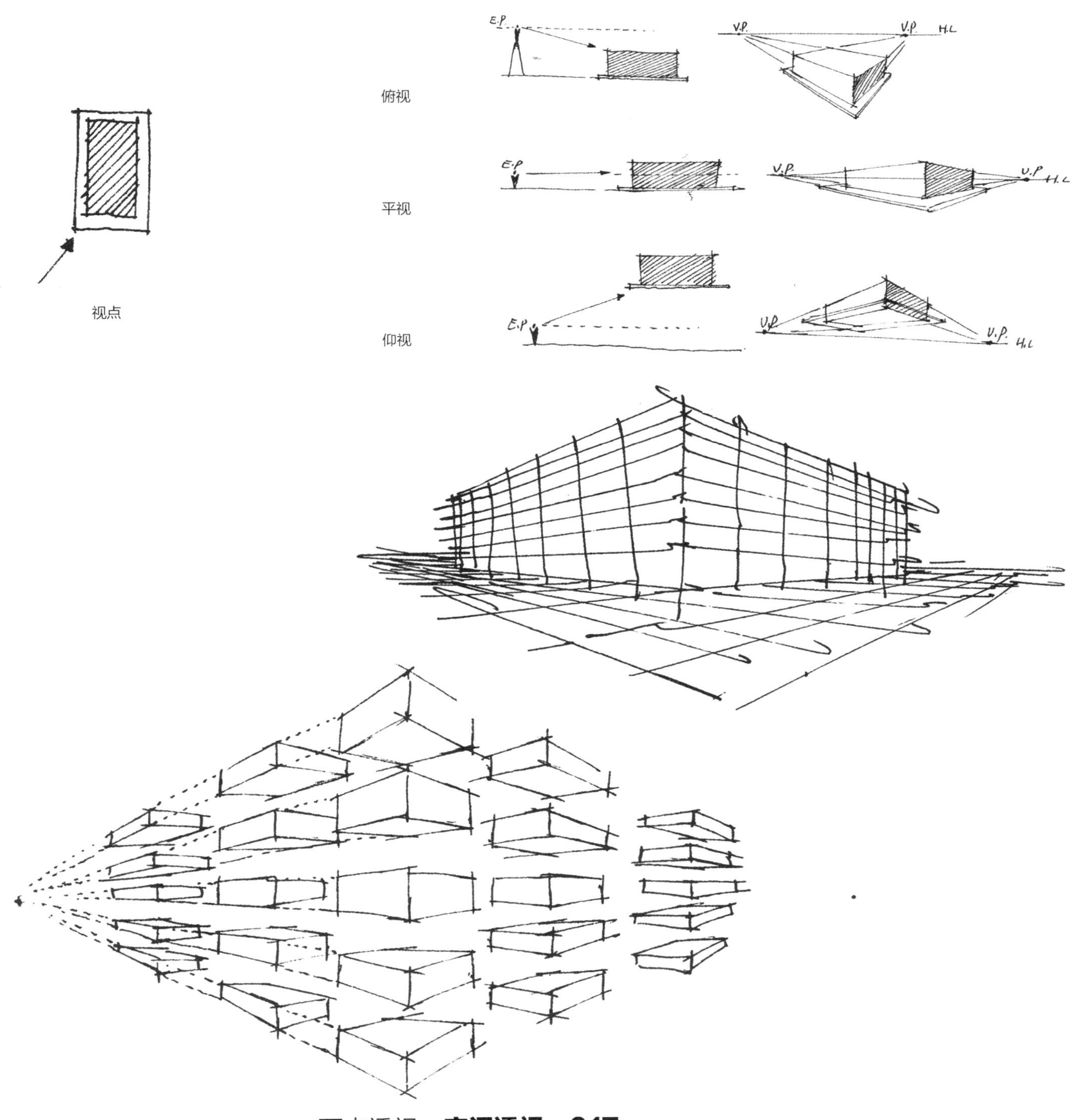

3.2 两点透视练习方式

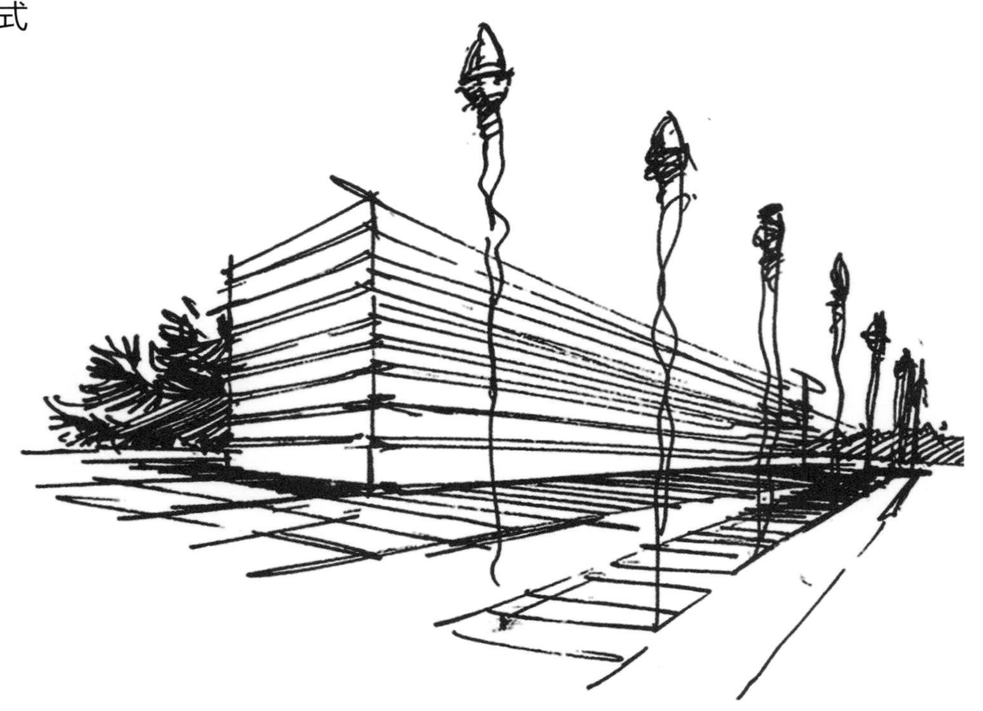

此两点透视练习方法是通过控制两端灭点在画面中的不同位置变化，在不同的视点高度上用结构线提高透视方向线条的控制力。

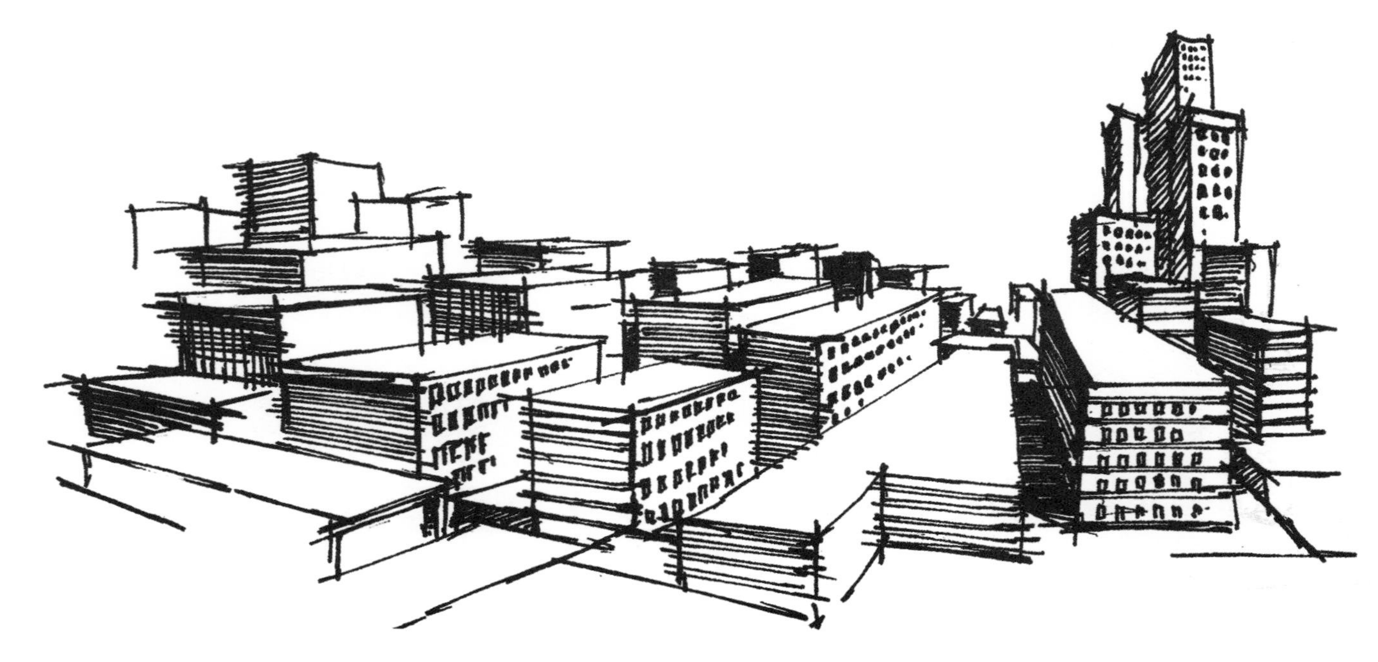

此两点透视练习方法是通过对某一灭点的控制摆脱画面对另一灭点的依赖，凭借练习的熟练程度来加强对画面透视的整体把控。

第四节　空间推敲

4.1 空间推敲案例（1）

平面图向透视图的转换时，应在已建立好的透视底面中，结合平面尺寸数据，找出平面图中对应点的位置，再通过一点透视或两点透视规律结合立面尺寸数据生成立体空间透视图。这一方法的掌握是创作者设计及空间转换思维能力的体现，所以掌握此方法尤为重要。

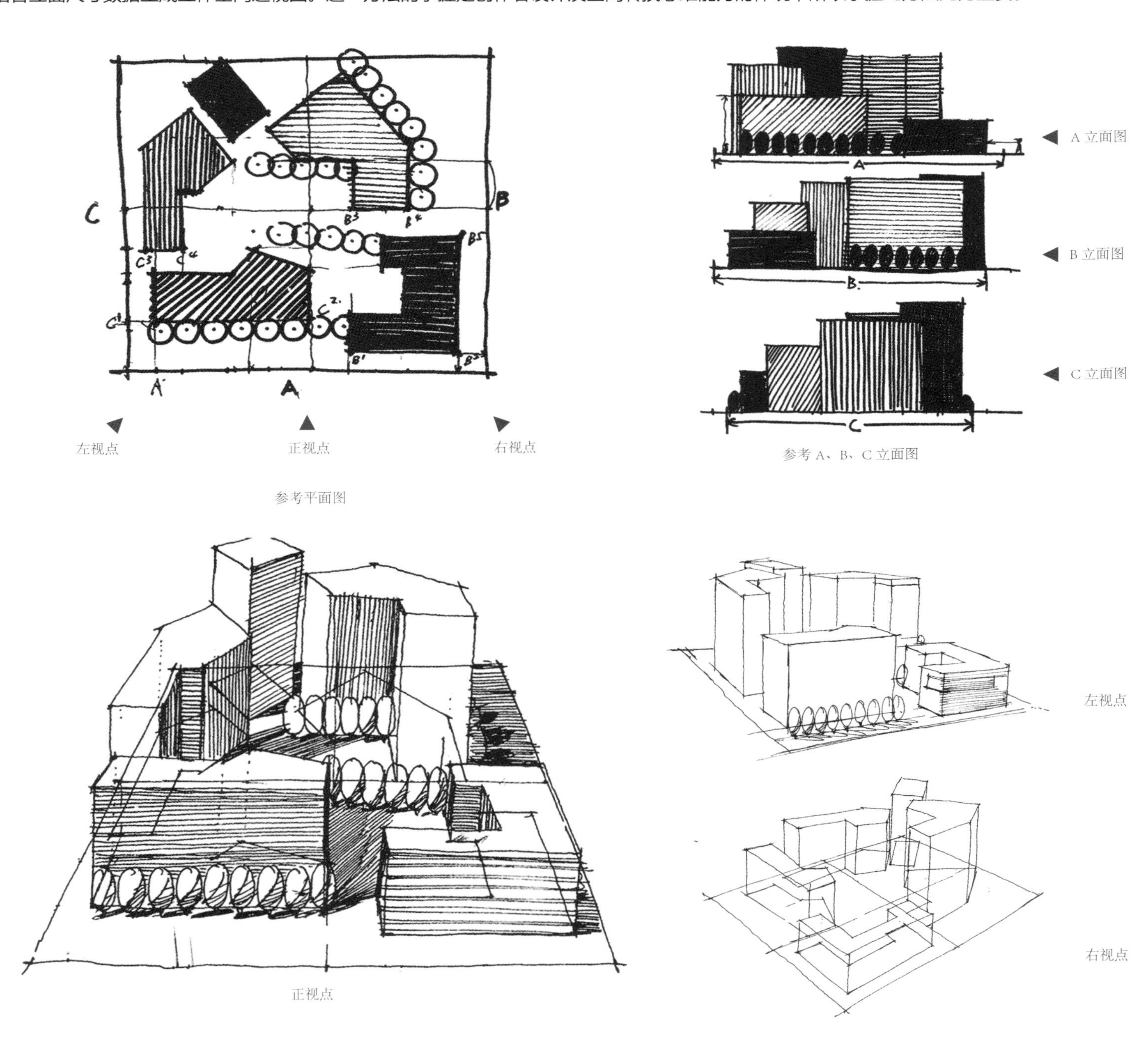

参考平面图

参考 A、B、C 立面图

正视点

七手绘

4.2 空间推敲案例（2）

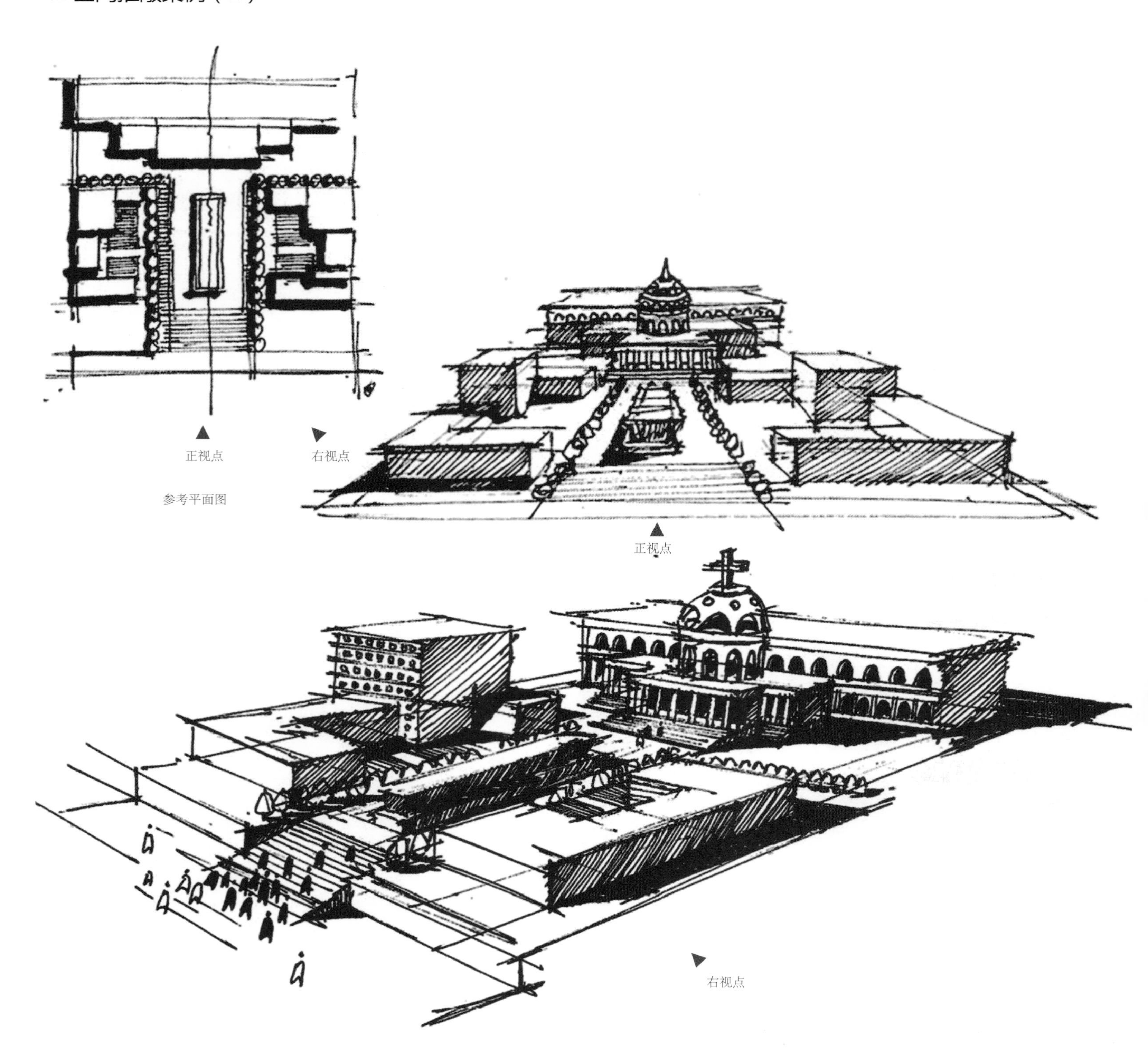

4.3 空间推敲案例（3）

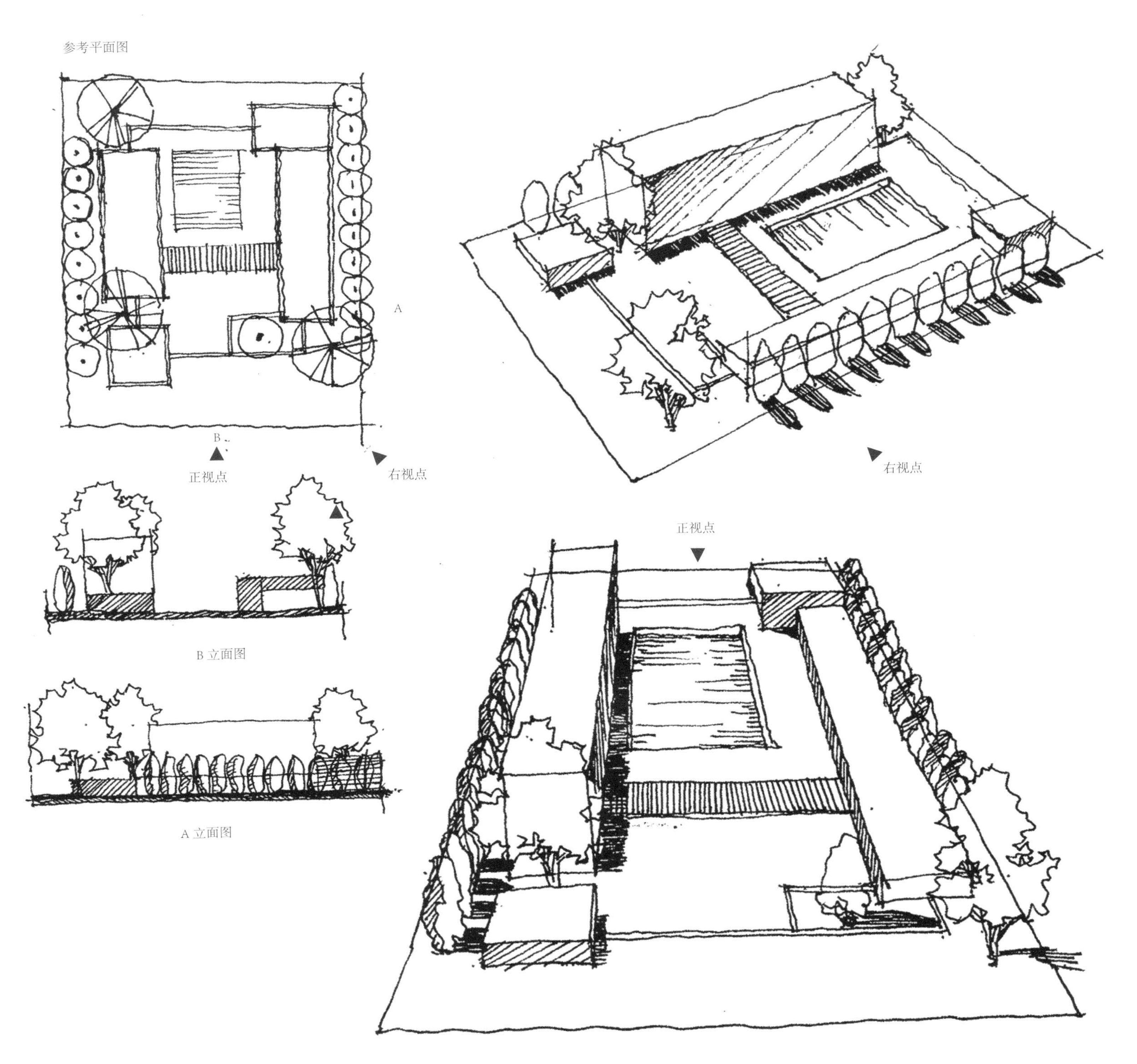

第五节 常见问题

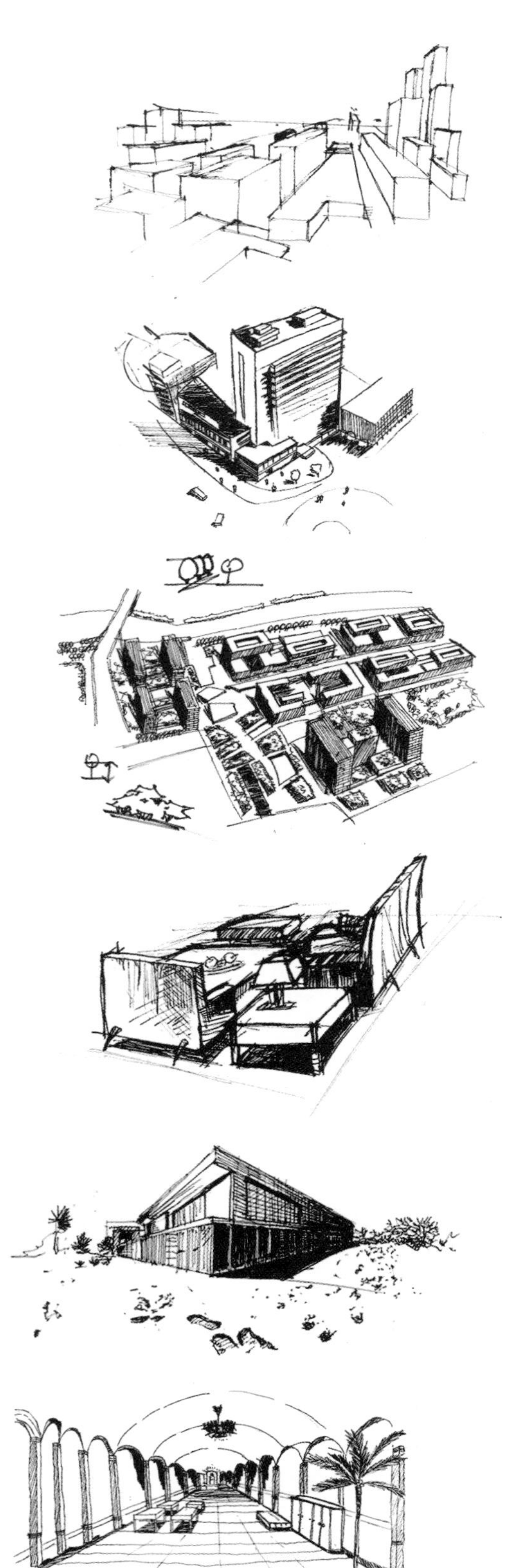

◀ 画线问题

画线不肯定，不敢快速肯定下笔，在勇敢试错中快速进步。

◀ 找点问题

目标点不明确容易画错位置关系，画线可以先找到目标点，比划几次后肯定地起笔落笔。

◀ 排线间距问题

排线间距不均匀容易出现画面乱的状况，排线间距的不同可以区分不同的面。排线时先稳后快。

◀ 拖沓问题

这个问题是习惯造成的，习惯重复磨线，容易破坏形体结构，且显得不自信。画图要时刻提醒自己不能磨线。

◀ 灭点问题

两点透视左右灭点应该保持在同一水平线上。

◀ 水平线与垂直线参照问题

容易画歪的主要原因是没有整体的观察，水平线或垂直线可以参照纸面边界线。

第三章　景观元素

第一节　元素要点架构

第二节　元素形式规律

第三节　常用元素临摹

第四节　景观节点临摹

第一节 元素要点架构

景观自然元素收集与练习中，首先要观察所画物体在自然界中存在的形态特点，如植物枝条生长规律、穿插关系，石头的形态特征等。还要掌握元素之间的组合与叠加关系，这样画出的对象才能形象生动，并能灵活派生出不同的新元素。

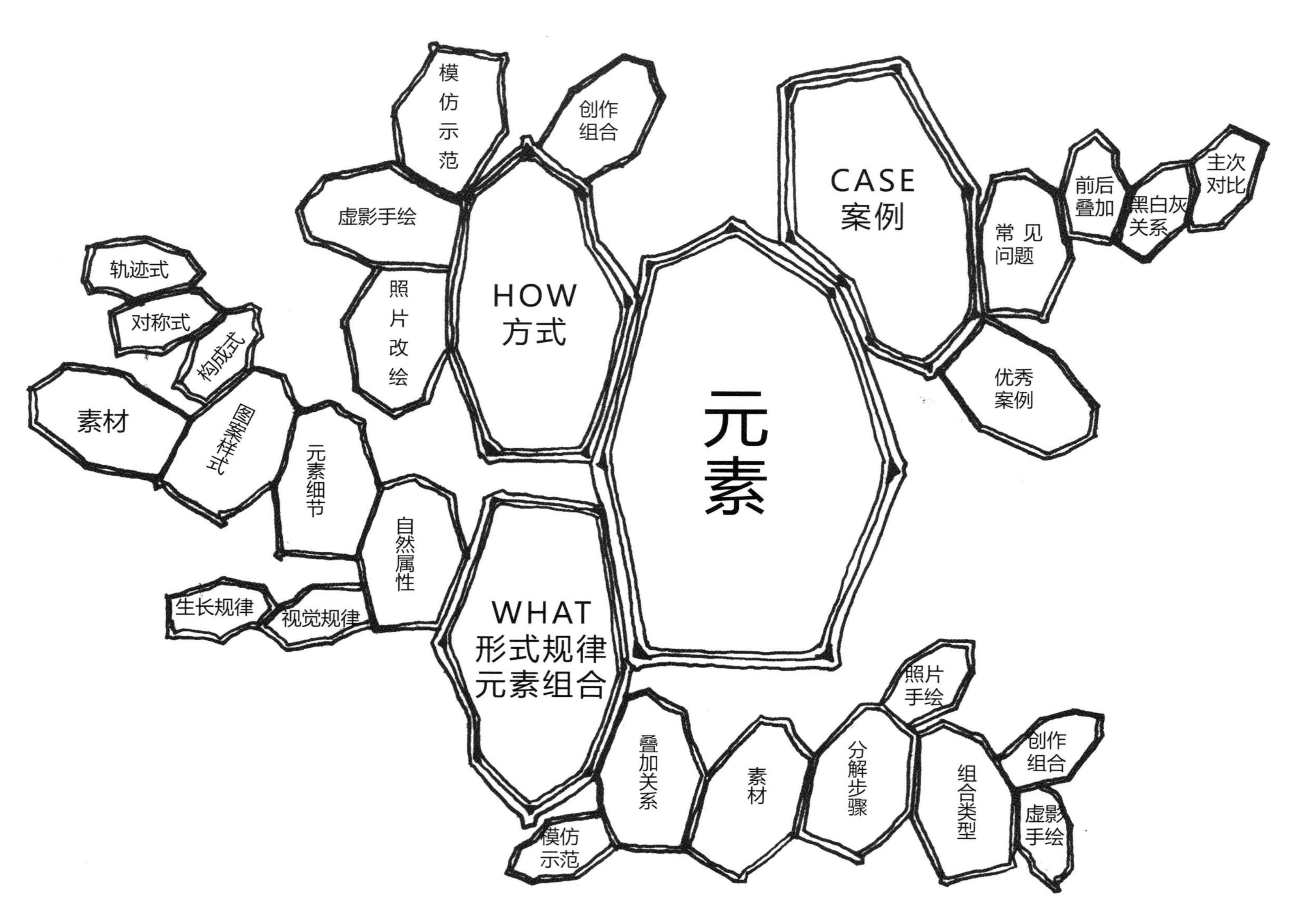

练习内容	时间	纸张数	天数
乔　　木	6 小时	20 张	共两天
灌木、草本	6 小时	10 张	
景观小品	8 小时	20 张	

第二节 元素形式规律

2.1 平面元素规律

平面图作为设计表现的一部分，注重空间尺度感与元素的疏密组合关系。需要熟悉乔灌草不同元素的基本图例表现，并结合地形的变化合理设计与安排元素的组合关系。

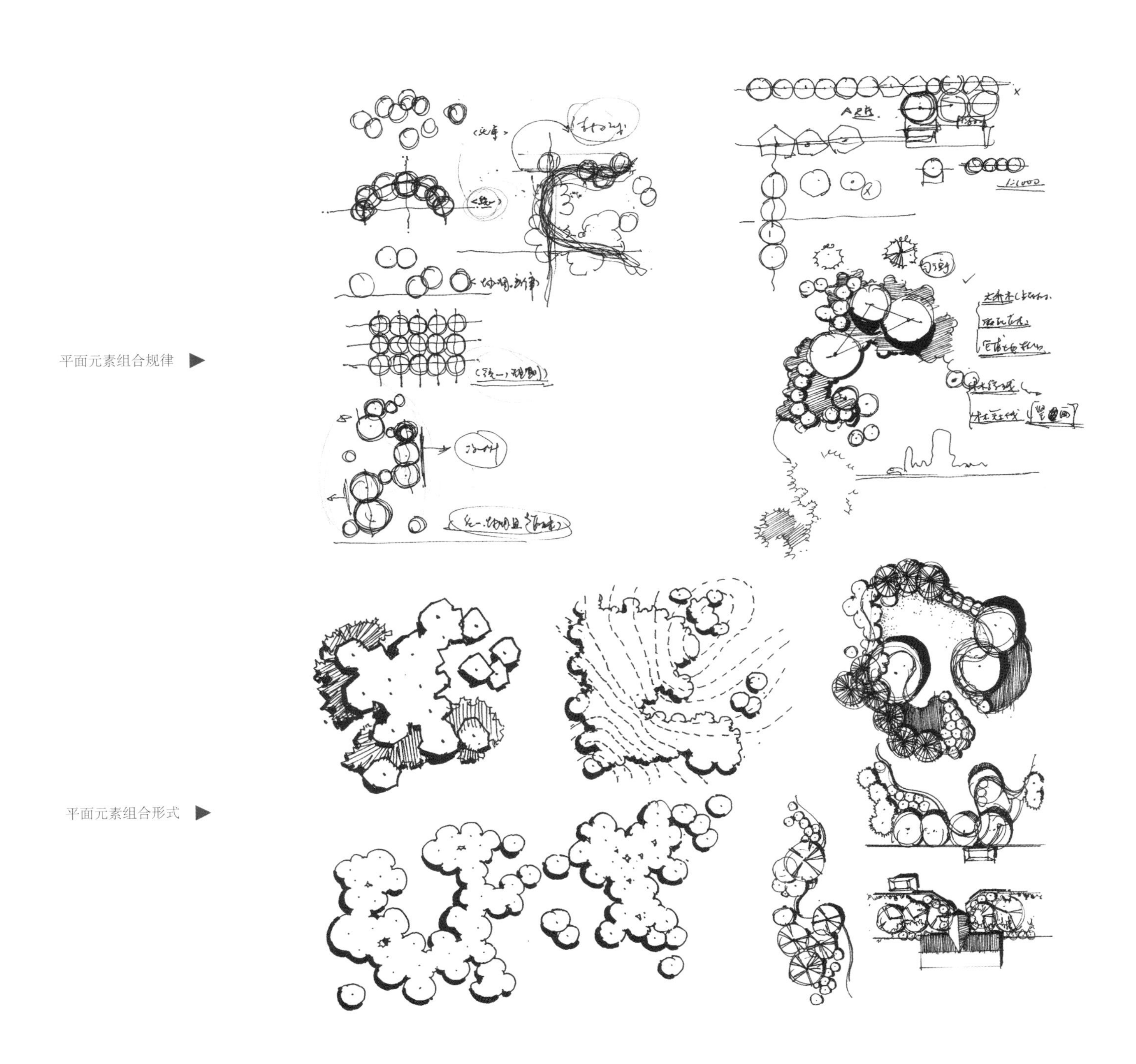

平面元素组合规律 ▶

平面元素组合形式 ▶

鸟瞰树丛元素规律 ▶

鸟瞰节点元素规律 ▶

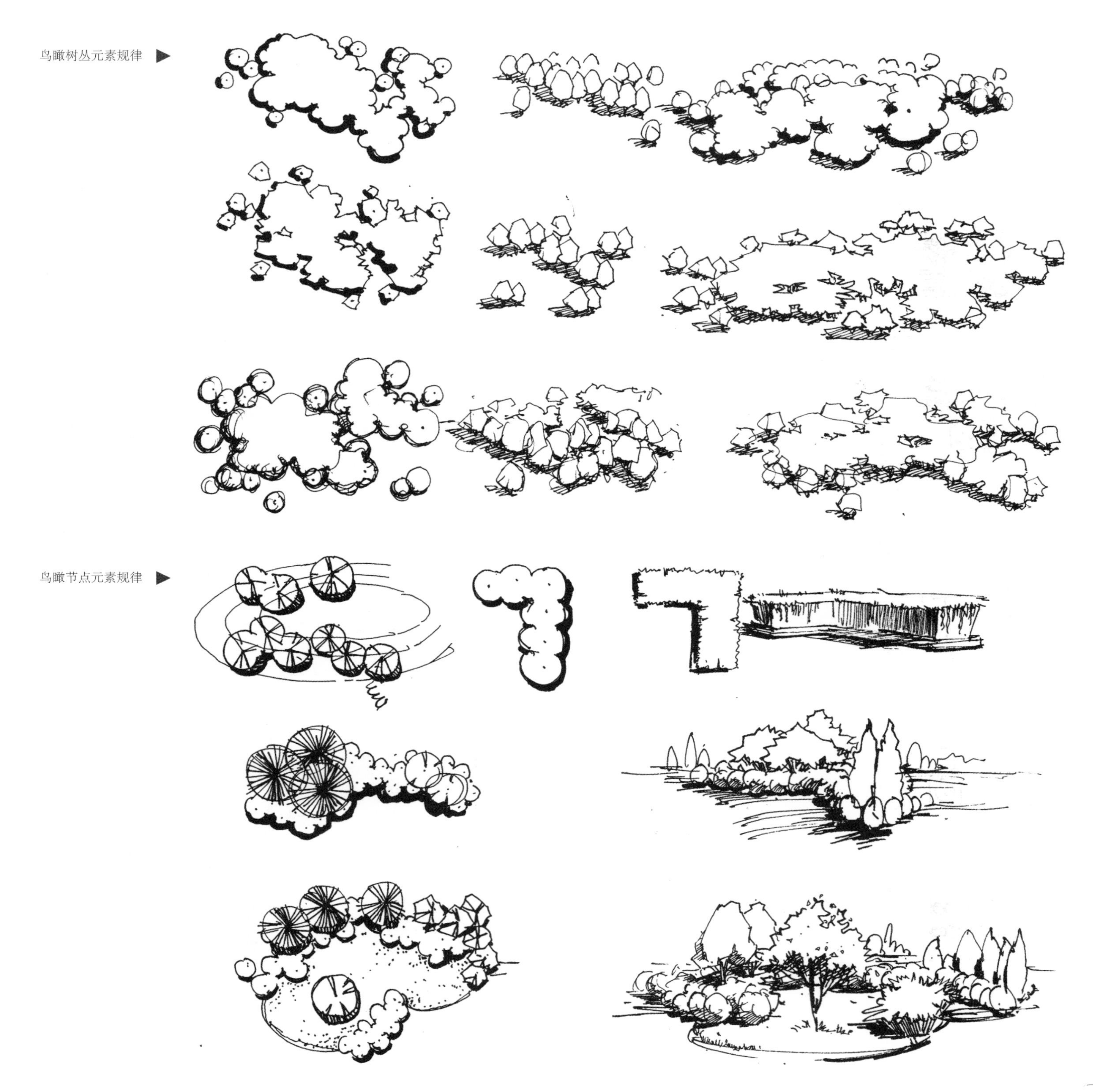

2.2 常用平面元素临摹（1）

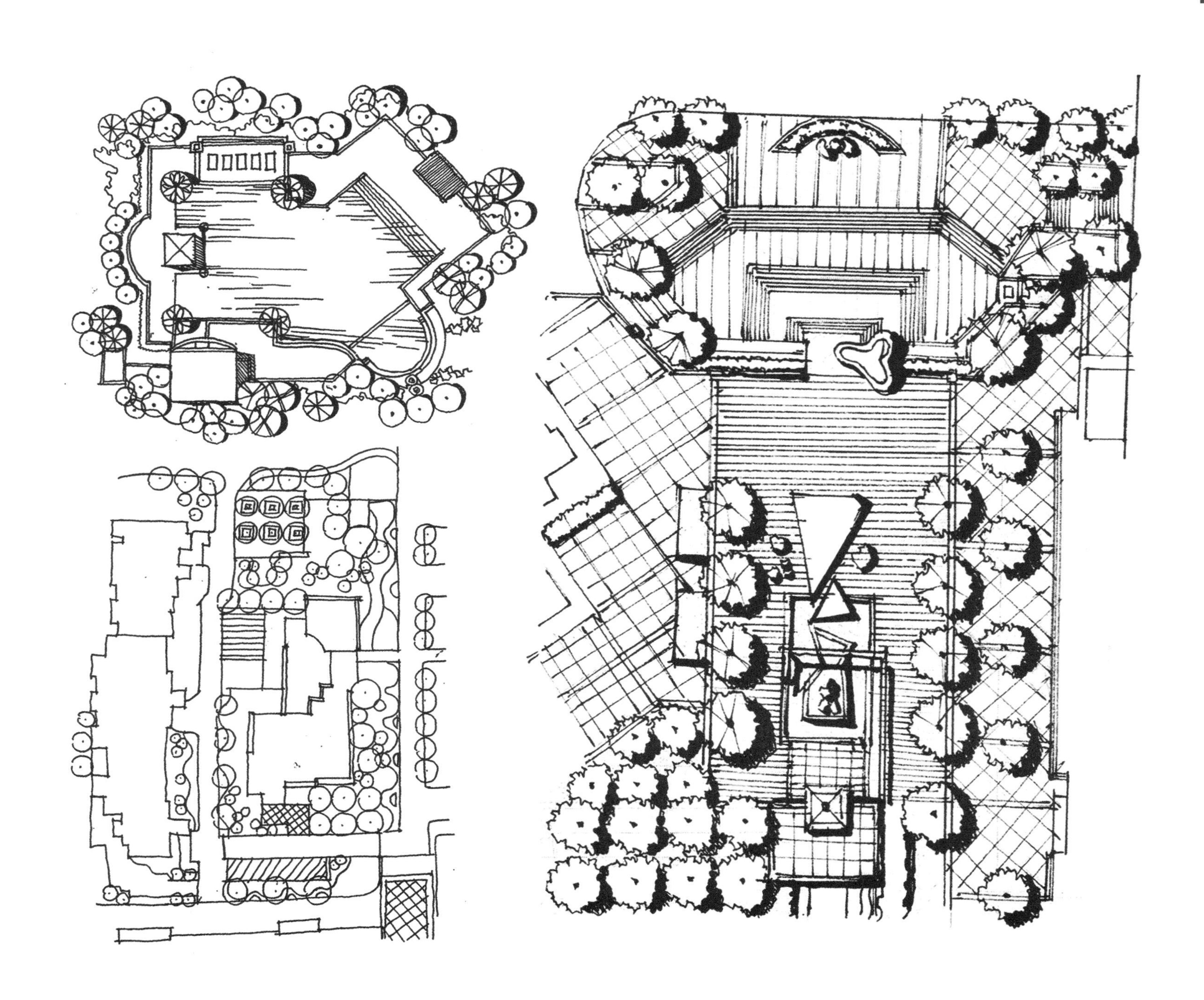

2.2 常用平面元素临摹（2）

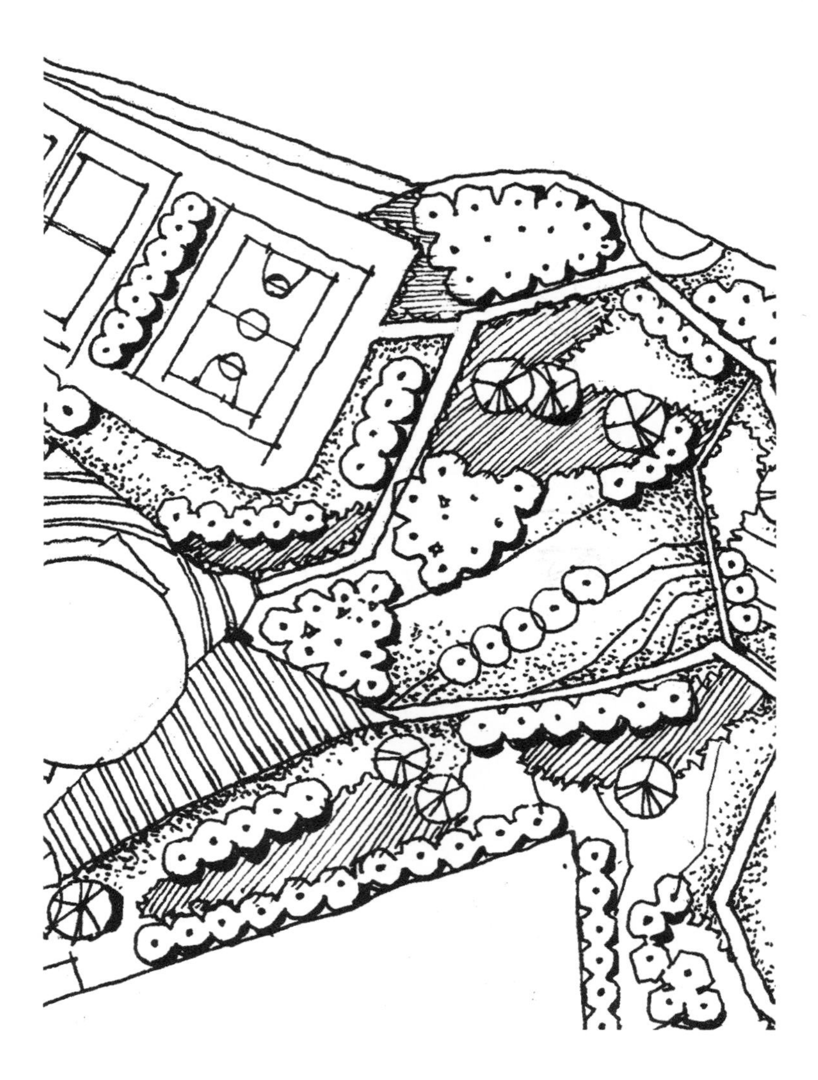

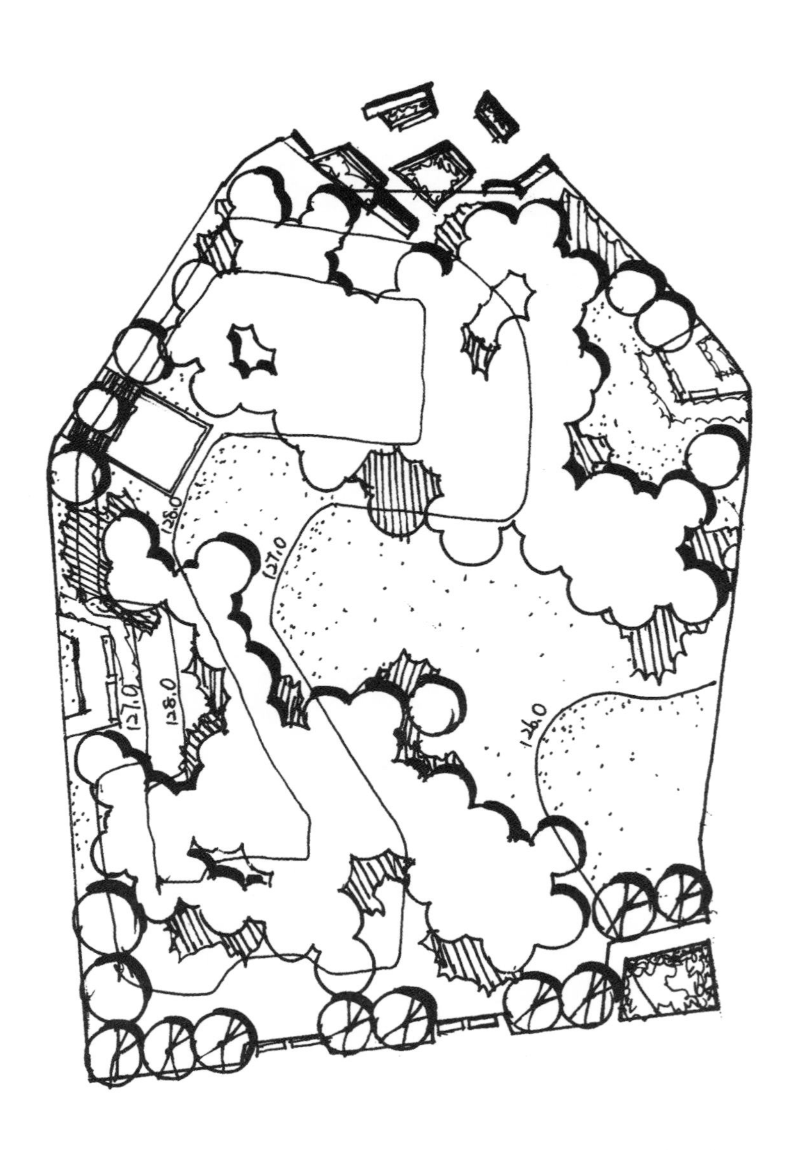

2.2 常用平面元素临摹（3）

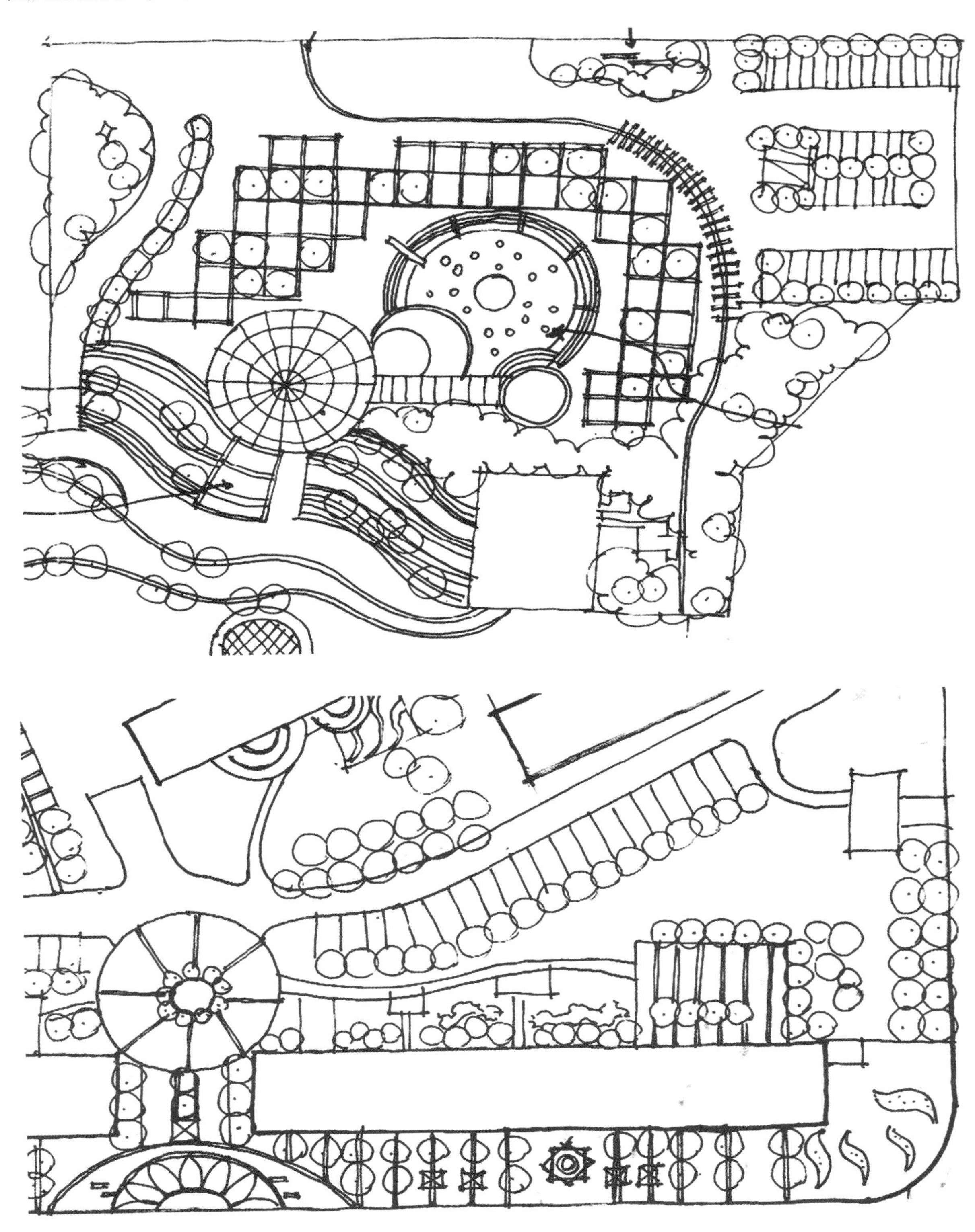

2.2 常用平面元素临摹（4）

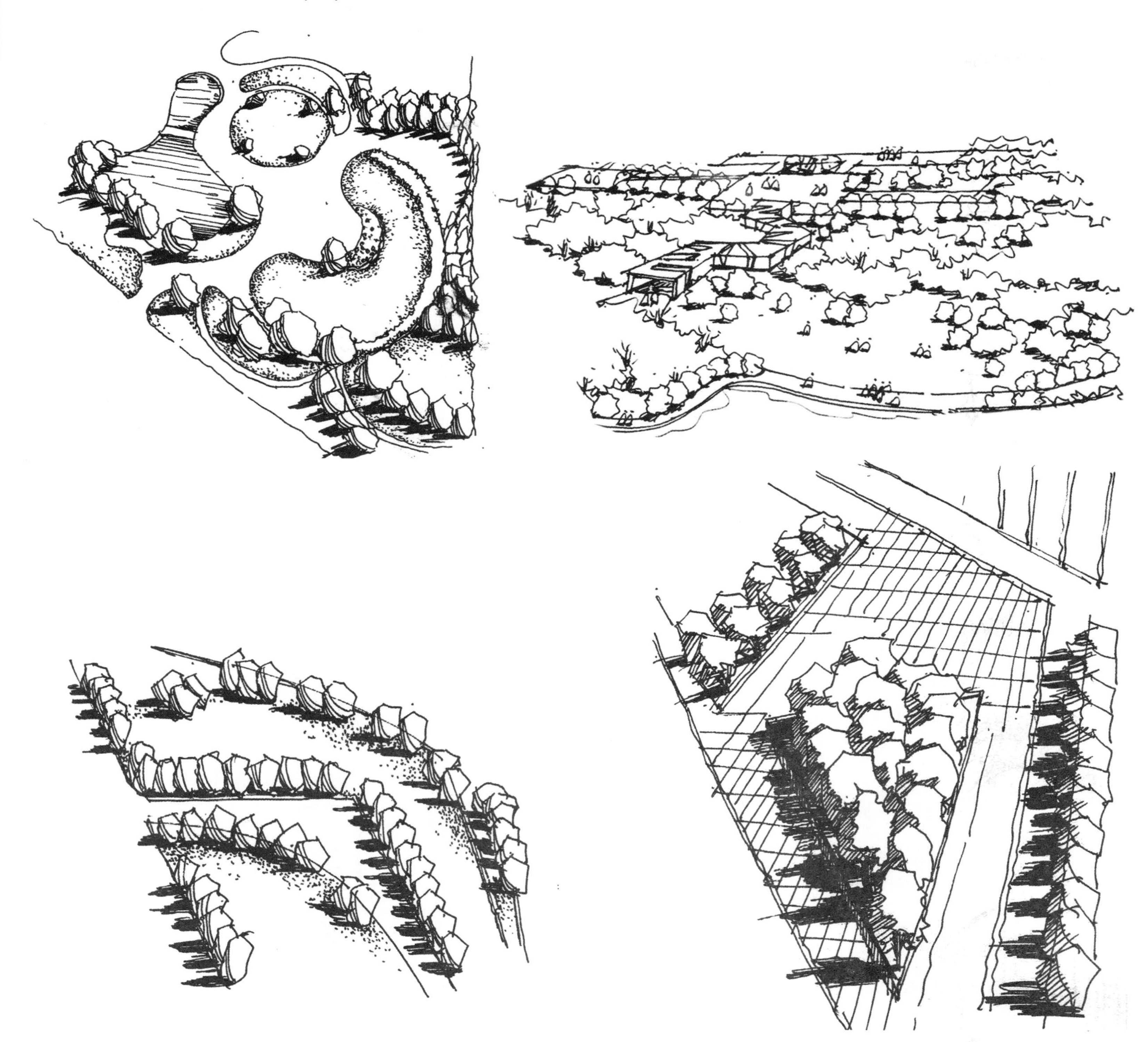

2.3 轮廓型植物单体形式规律

自然植物姿态万千，各具特色。各种植物不同的树形、树干、枝叶以及不同的分枝方式决定了元素独特的形态特征。需要熟知植物的生长规律、树干与枝叶的穿插规律、植物的外轮廓规律。在此基础上进行概括总结，才能做到成竹在胸。

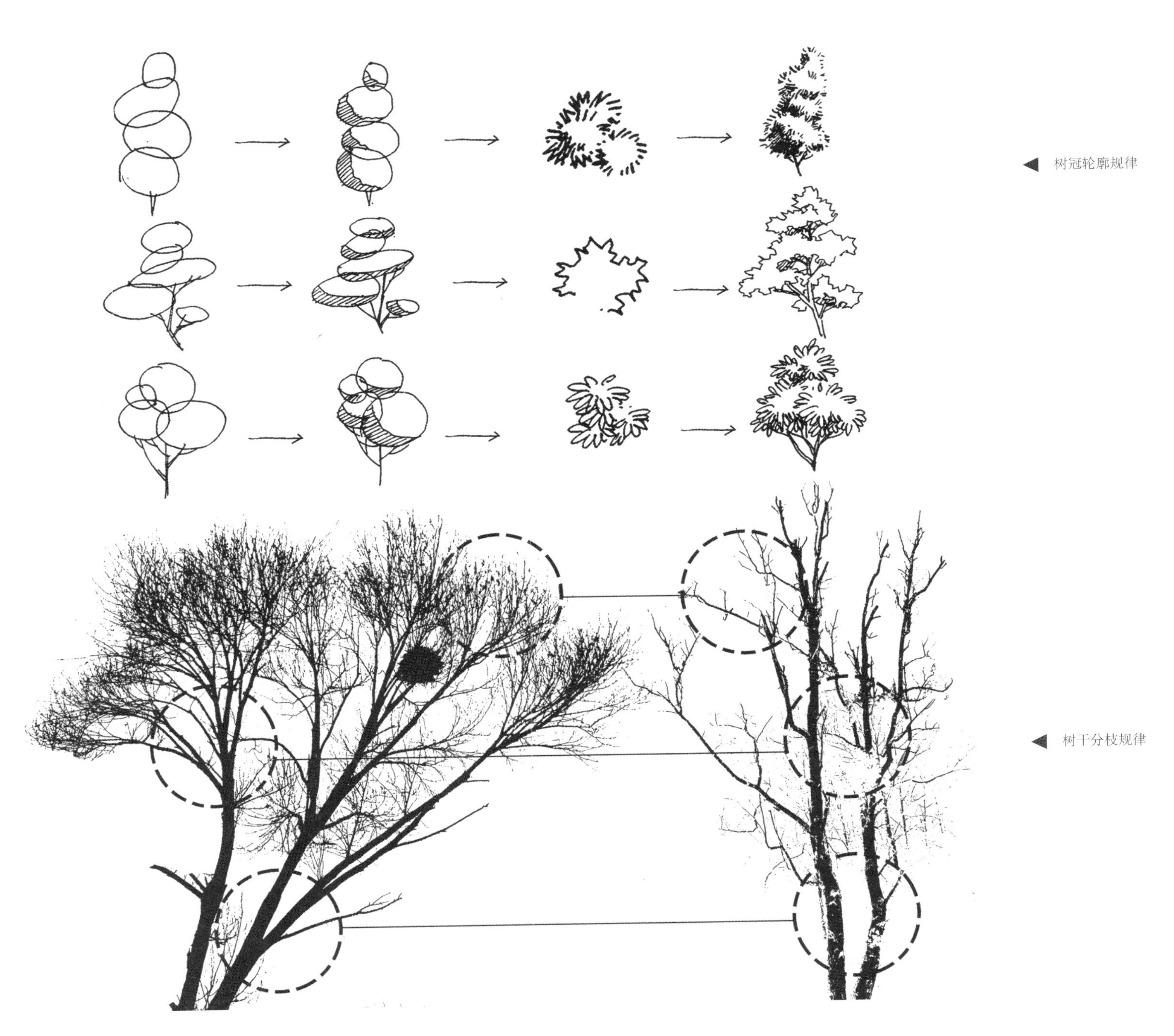

2.4 轮廓型植物单体临摹

植物通常由干、枝、叶、稍、根组成。有的树形适合先画枝后画叶，有的适合先画叶后画枝。此外要注意树干的分枝方式，合理安排主干与次干的疏密布局。画树叶树丛时，用笔要轻快灵巧，注意互相之间的组织与穿插。树分四枝，一棵树要有前后左右，四面伸展的枝干，这样才有立体交错感，只有理解这些规律所画植物才能自然生动。

轮廓型植物分类：阔叶类、针叶类、行道树、庭院树、树阵、群树、点景树、陪衬树等。

2.4.1 近景树

一般突出放大树的姿态与树形外轮廓，枝干的刻画及穿插关系要到位。

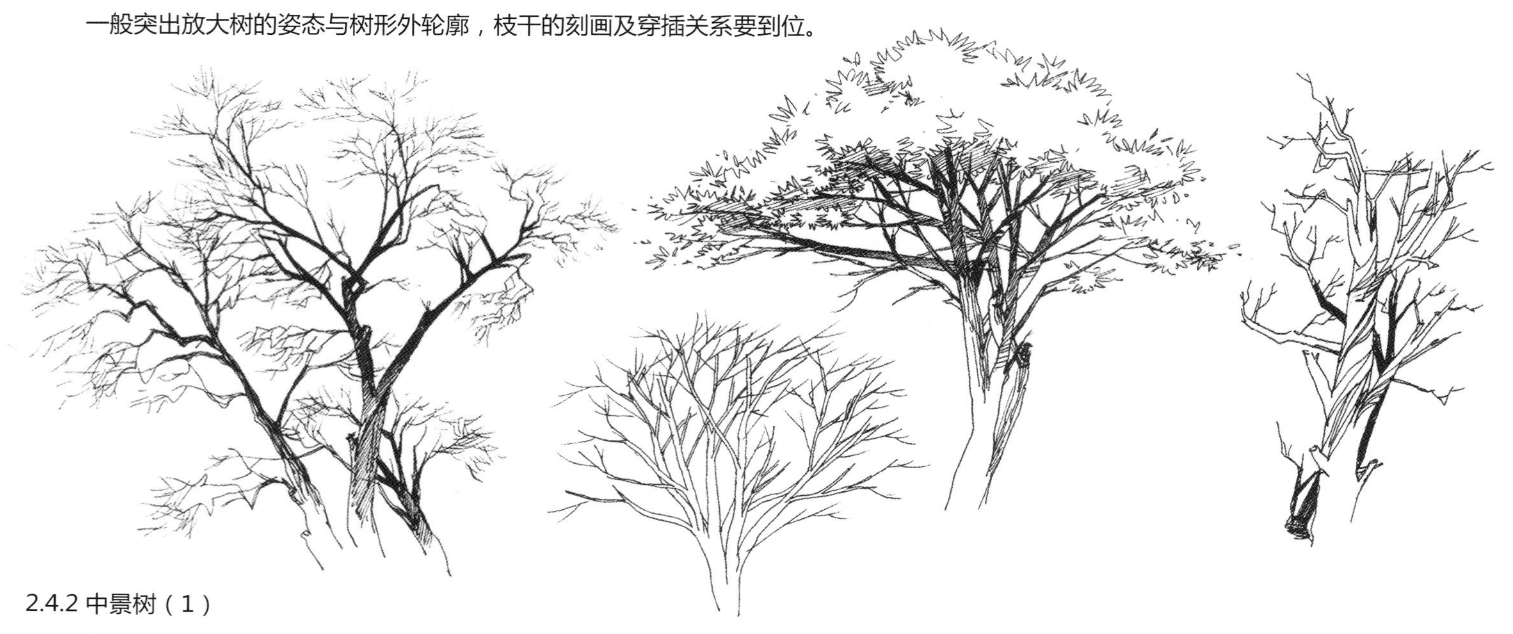

2.4.2 中景树（1）

刻画要相对详细，需清楚地表现枝干的转折关系及枝干与树冠轮廓的穿插关系，主枝干忌只画单线而没有结构感。

2.4.2 中景树（2）

2.4.3 远景树

远景树一般要概括地画，只要表达出大的树形轮廓关系即可。

2.5 组合型植物单体形式规律

2.6 组合型植物单体临摹

2.6.1 乔木

2.6.2 灌木

灌木比较矮小，没有明显的主干，一般为丛生状态。有观叶、观花、赏果、观枝之分。单株体量较大的灌木与乔木画法比较接近。灌木通常以片植为主，分自然式与规则式，绘制过程中注意体块间的交错、疏密与虚实关系。

第三节 常用元素临摹

3.1 草坪植物

根据其生长规律，可以分为直立型、丛生型、攀援型等多种。绘制时需要画出大的外轮廓，边缘处理不可太呆板。若花草作前景时，则需要就其形态特征进行深入刻画，若作远景就可几笔带过。攀援植物一般多应用于花坛或者花架，需要尽量表现出其长短不一的趣味性，注重其与周边物体的遮挡关系。

3.2 景观山石

不同的石材其质感、色泽、纹理、形态等特征都不一样，因此画法有所区分。山石表现应先勾勒外轮廓，过程中注意区分黑白灰三大面及转折关系，这样在刻画过程中石块的形态及体块感就建立起来了，也就是国画中的“石分三面”。

3.3 水体

水体贯穿于景观空间中，水域边界、倒影、水纹肌理是水体表现的关键。常用的水体表现有动水与静水之分。

3.3.1 动水

主要分瀑布、跌水、喷泉等。表现垂直方向的动水应用轻快利索的线，并增强水与周边物体的阻挡关系、虚实关系。

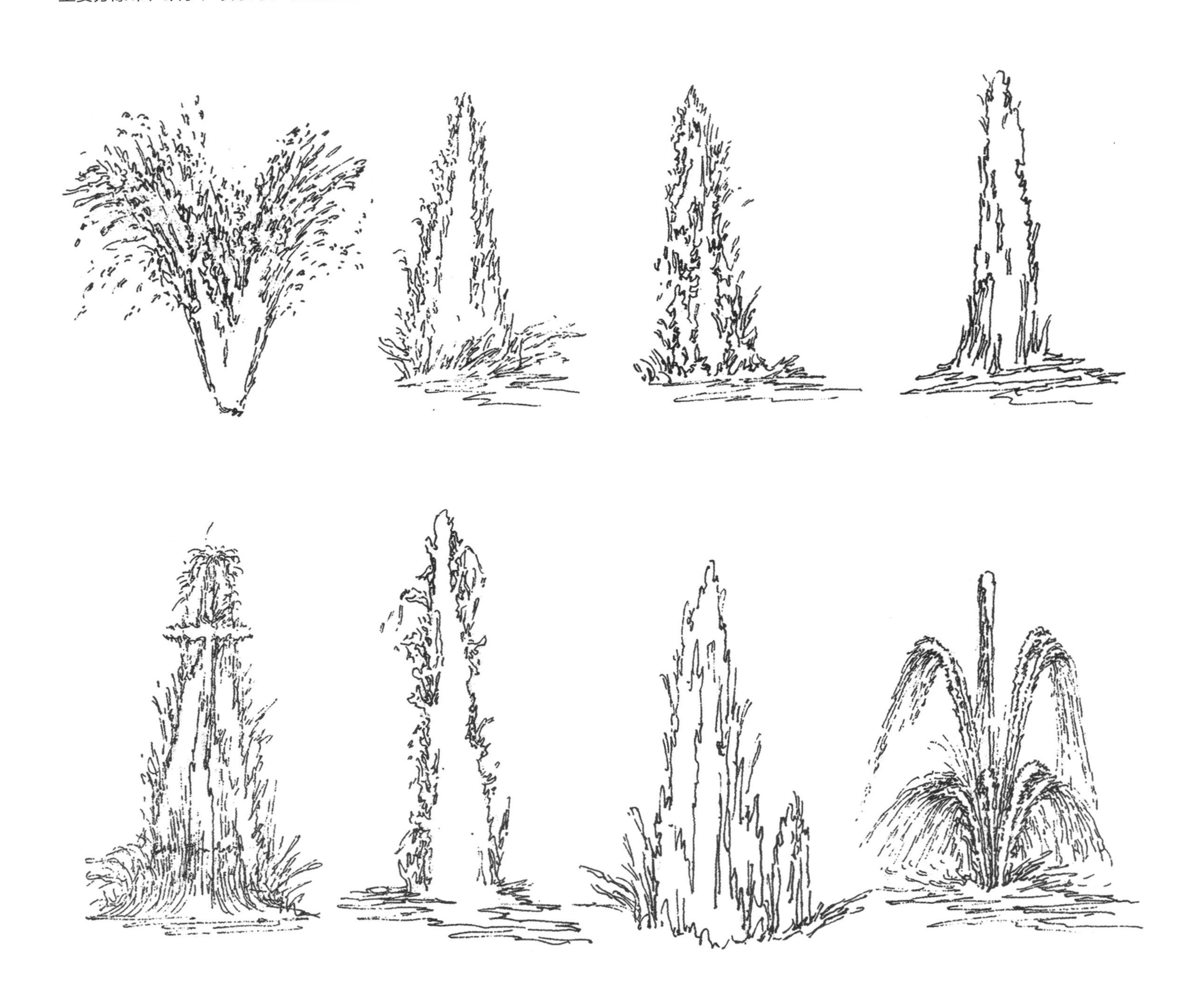

3.3.2 静水

静止的水面，水平如镜，可以清晰地见到倒影。表现静水要点在于：强化边界；处理物体与物体投影的对应关系；排线要有疏密变化规律；水纹近处起伏大，远处起伏小。

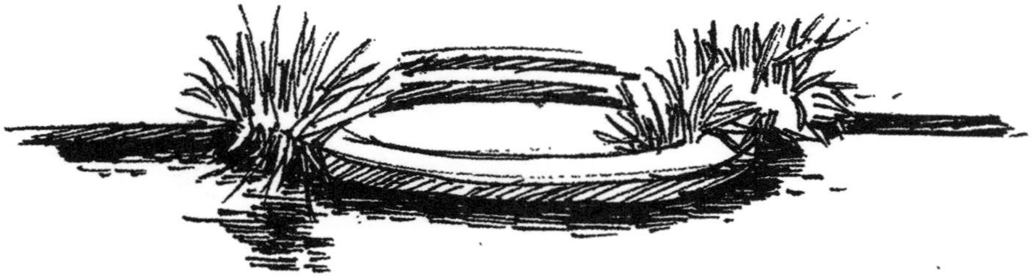

3.4 景观小品

景观小品一般是指选址恰当、功能简明、体量轻巧、造型别致、富有情趣的精美景观构筑物，在景观设计中起到点缀环境、烘托氛围、加深意境的作用，既能为游人提供休息和公共活动的场所，又能提升空间的艺术性，使人从中感受美的意境。

3.5 铺装

铺装在景观设计中属于硬质景观造型，是根据不同材质的属性进行拼贴与组合设计。分有序拼贴与无序拼贴两类。有序的拼贴铺装规律易掌握，在把握表面形式规律的基础上注意疏密与透视关系即可。无序的铺装就要更强调在绘画的过程中理解其疏密变化规律和多边形透视规律，作画过程中主观发挥性较强。

3.6 人物

人物配景一般说来就是表现人物的动态以及比例组合关系，通过人物的姿态就可以判断出在什么样的空间场所。人物身体一般为 7 个头长左右，描绘时注意人物姿态，用笔干净利索，近景人物可表现得稍加具体。

3.7 交通工具

绘制交通工具配景时注意其与景观建筑空间的比例关系以及透视关系，增强场景的氛围感。画车时以车轮直径比例来确定车身的长度及整体比例关系，车的后视镜、门窗、车灯等要有所交代。

第四节 景观节点临摹

4.1 植物组合

4.2 植物与水组合

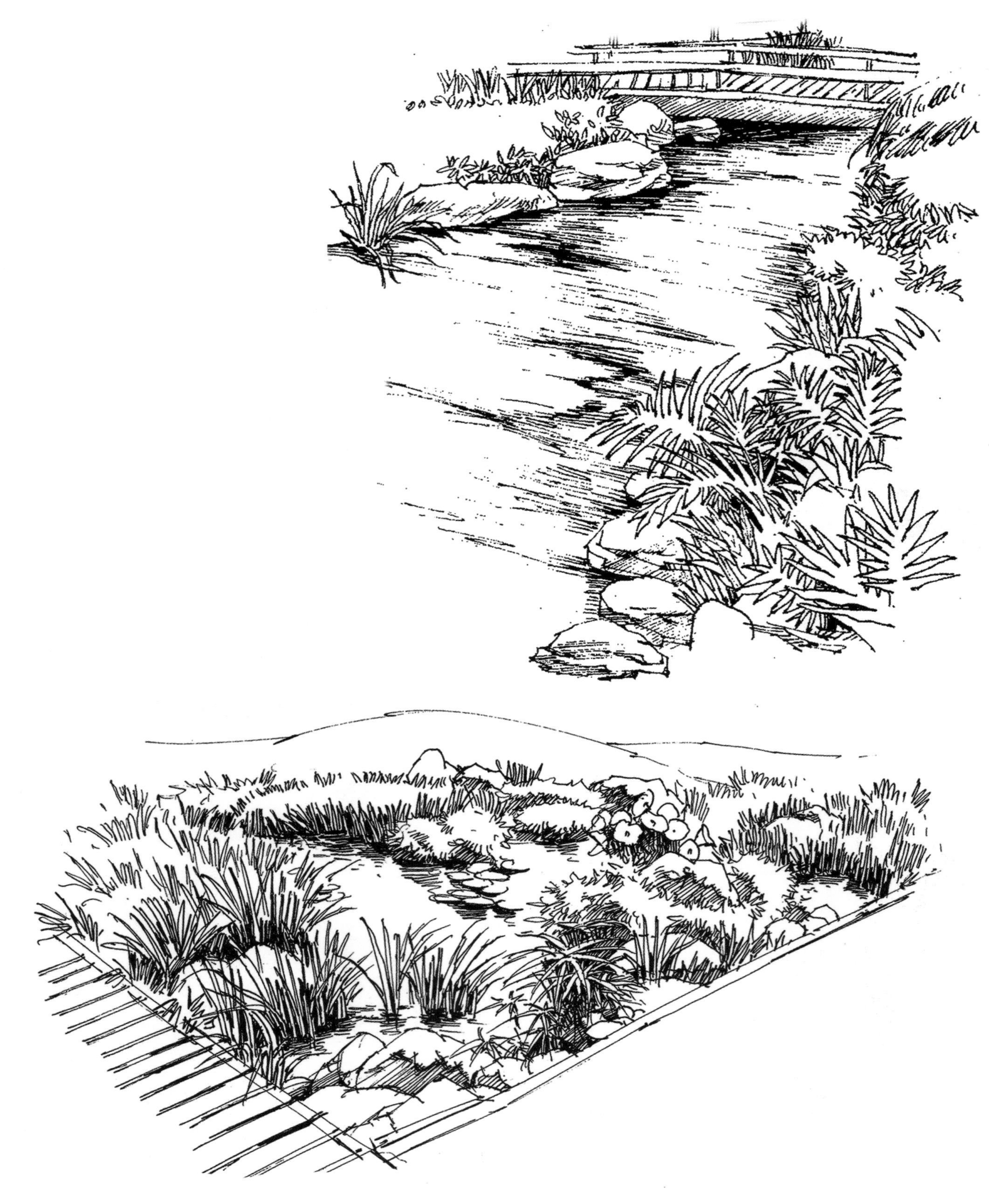

4.3 植物与构筑物组合

4.4 植物与园路组合

4.5 水与石头组合

第四章　线稿处理

第一节 画面本质

处理空间画面的本质在于处理对比关系，在处理对比关系时应掌握构图方式、点线面关系、黑白灰关系、空间虚实关、节奏感、留白方式、自然生长规律、生命力传达方式等。个人耐心问题、对细节的认识程度、元素的储存量也是影响画面效果的重要因素。

练习内容	时间	纸张数	天数
黑白灰	10 小时	10 张	共四天
空间虚实	10 小时	10 张	
细节刻画	10 小时	10 张	
综合表现	10 小时	10 张	

第二节 画面解析

手绘线稿创作过程中有两方面重点：画面关系与细节刻画。画面关系主要分黑白灰关系、主次关系、结构关系、点线面关系。细节刻画主要分质感、留白、光影等。

参照图 ▶

图片来源：《西方园林》俪芷若 朱建宁著 P127

找大体块 ▶

找大光影 ▶

刻画细节 ▶

完成稿 ▶

参照图
找大体块
找大光影
刻画细节
完成稿

图片来源：《西方园林》郦芷若 朱建宁著 P120

第三节 常见问题

黑白灰 ▶

此图黑白灰关系不明确，暗面投影及物体的固有色要有序区分。在做足光影关系之后再考虑物体本身固有色。固有色与光影处理不好，画面容易显得灰，光感不足。

结构 ▶

结构指画面应在透视线、结构线的统领下安排画面布局，结构出现问题导致画面透视不准、碎、乱、花。

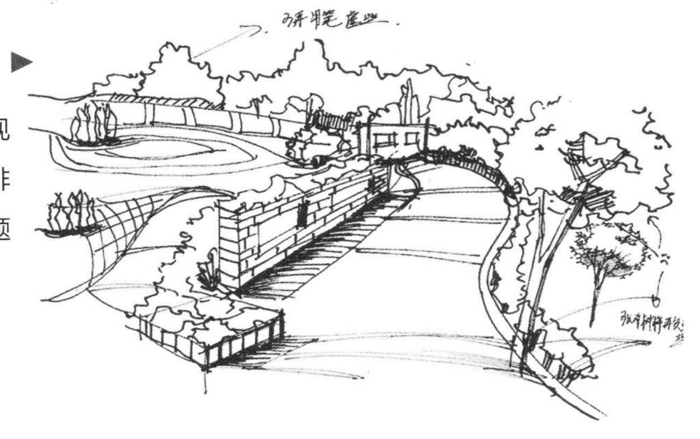

留白 ▶

留白相对难度较大，体现个人绘画意识与画面艺术处理能力。一般在刻画对象受光面、边线、考虑画面构图的时候要注意留白。

▼ 碎与散

明暗关系不明确，用线断断续续、刻画对象形体结构不连贯导致了画面的碎与散。

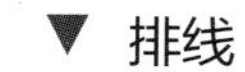

▼ 排线

排线不整齐，没有按照刻画对象结构线或透视方向线条排线。线条方向乱，且交差线多造成了画面排线问题。

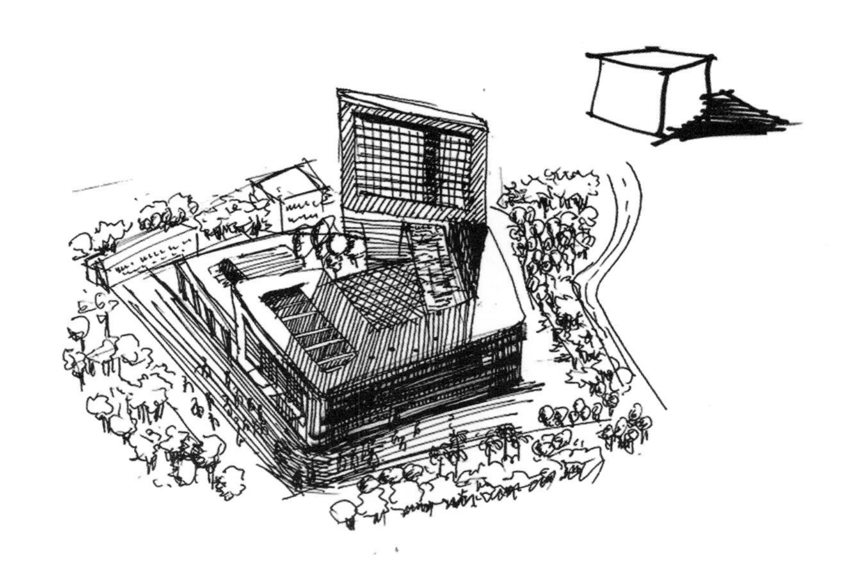

第四节 练习方式

4.1 白描式（1）

用单线轻松勾勒空间，巧妙的留白与线构成独特的画面感。

4.1 白描式（2）

4.1 白描式（3）

4.1 白描式（4）

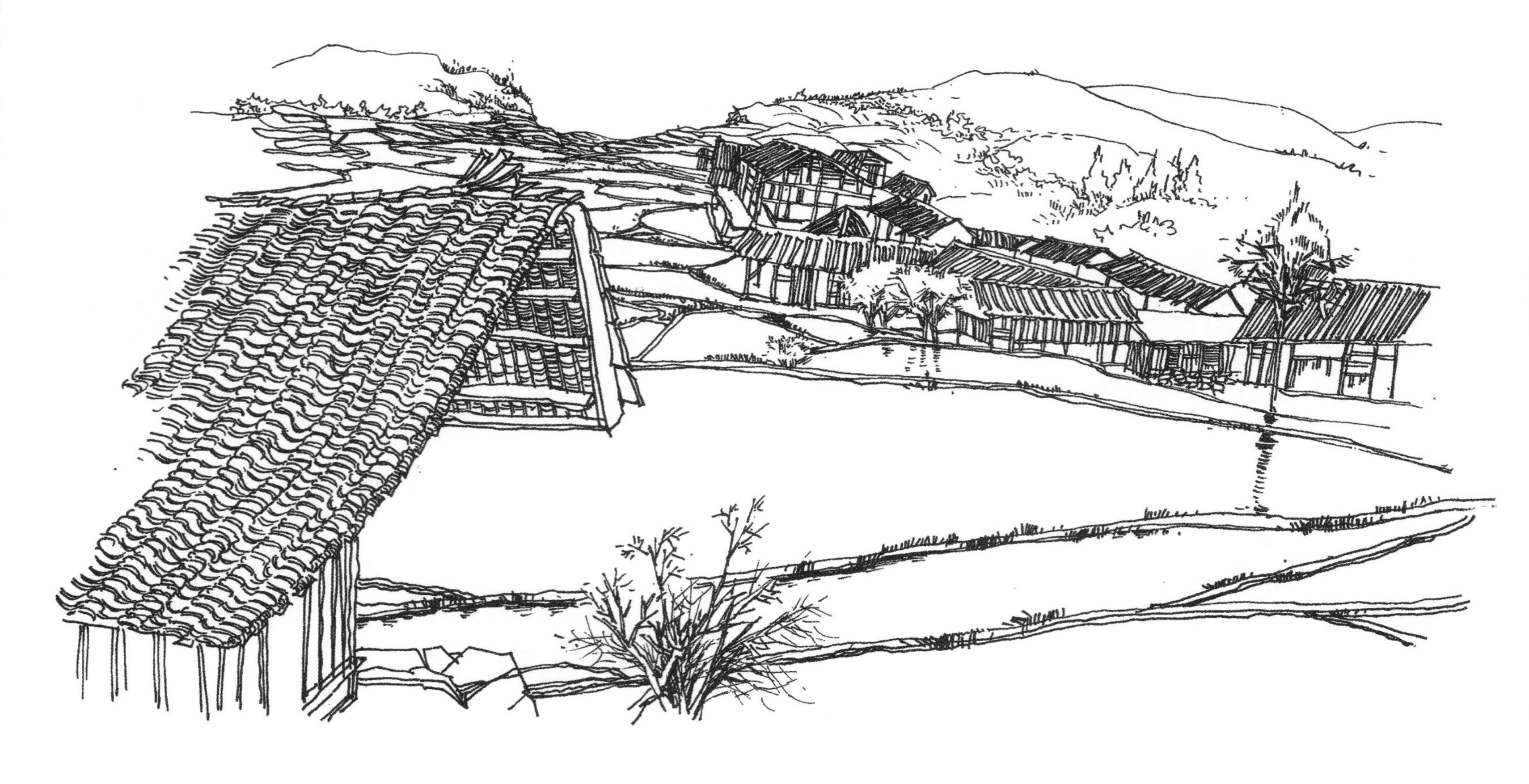

4.1 白描式（5）

4.1 白描式（6）

4.1 白描式（7）

4.2 概括式（1）

用高度概括的方式绘画，表现出空间的整体感和作者的主观性。

4.2 概括式（2）

4.2 概括式（3）

4.2 概括式（4）

4.2 概括式（5）

4.2 概括式（6）

4.2 概括式（7）

4.2 概括式（8）

4.2 概括式（9）

4.2 概括式（10）

4.2 概括式（11）

4.2 概括式（12）

4.2 概括式（13）

4.2 概括式（14）

4.2 概括式（15）

4.2 概括式（16）

4.2 概括式（17）

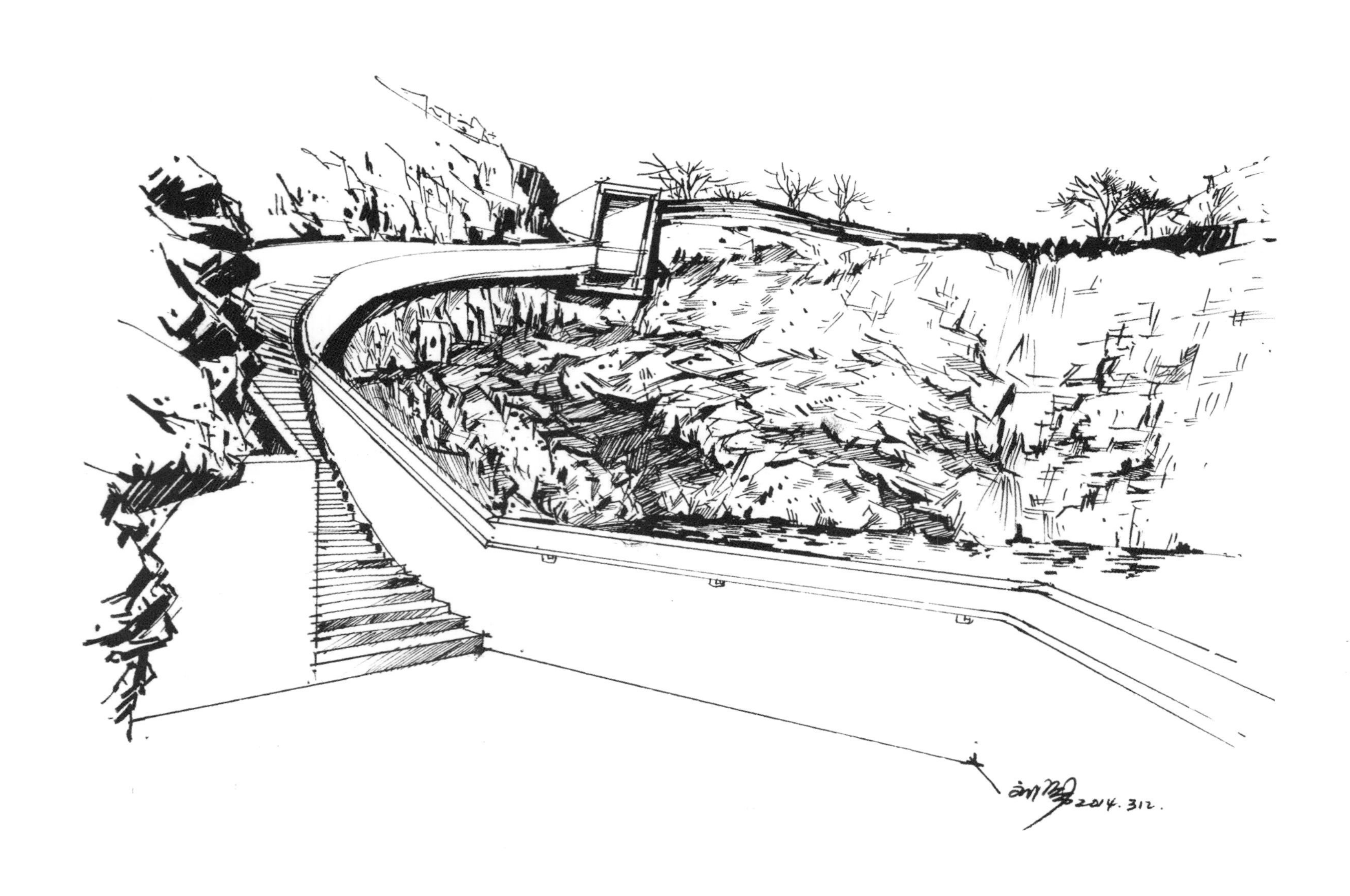

4.2 概括式（18）

4.2 概括式（19）

4.2 概括式（20）

4.2 概括式（21）

4.3 精细式（1）

精细观察的方式绘画，作者试图通过对细节的描绘传达细腻的空间感受。

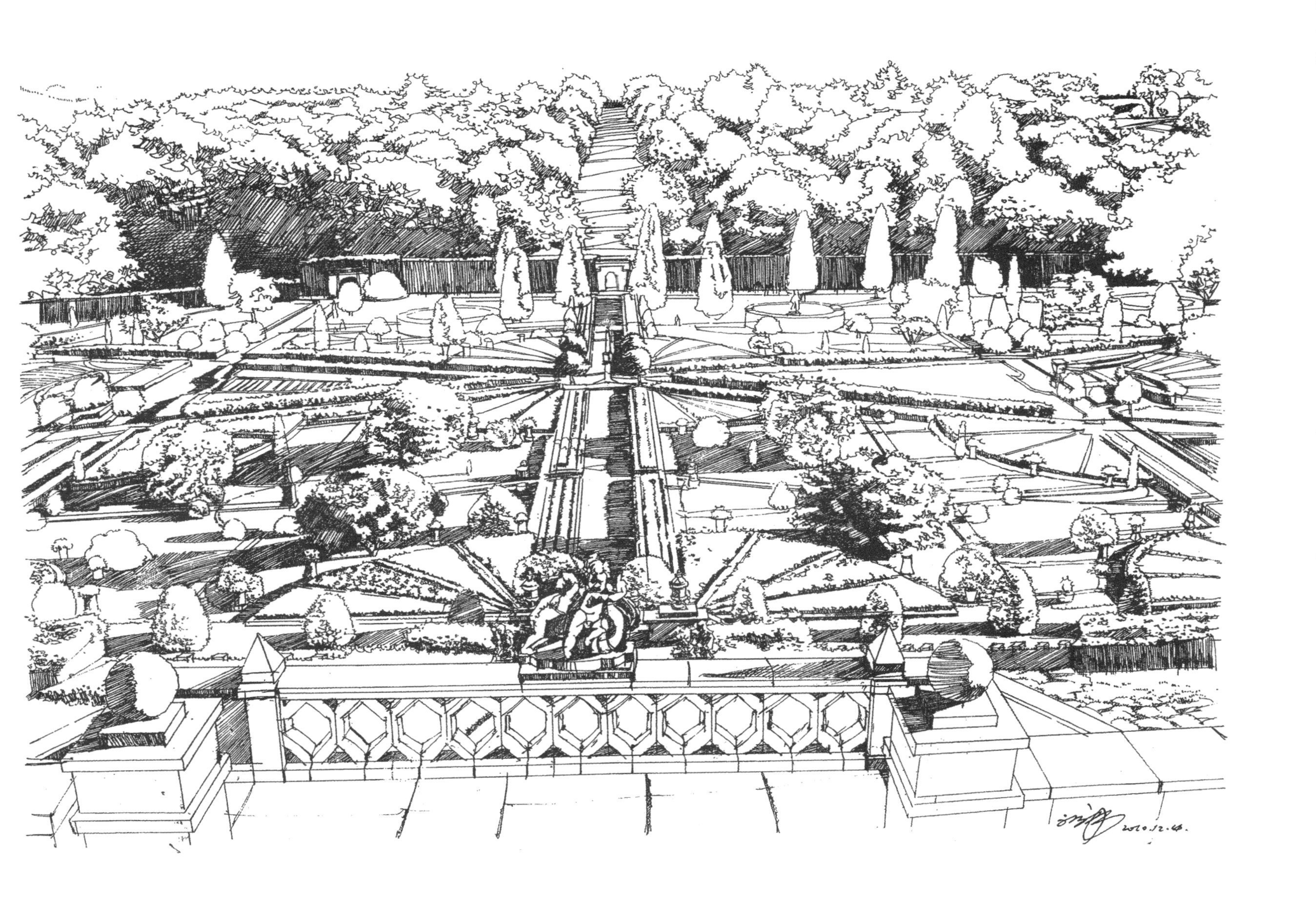

4.3 精细式（2）

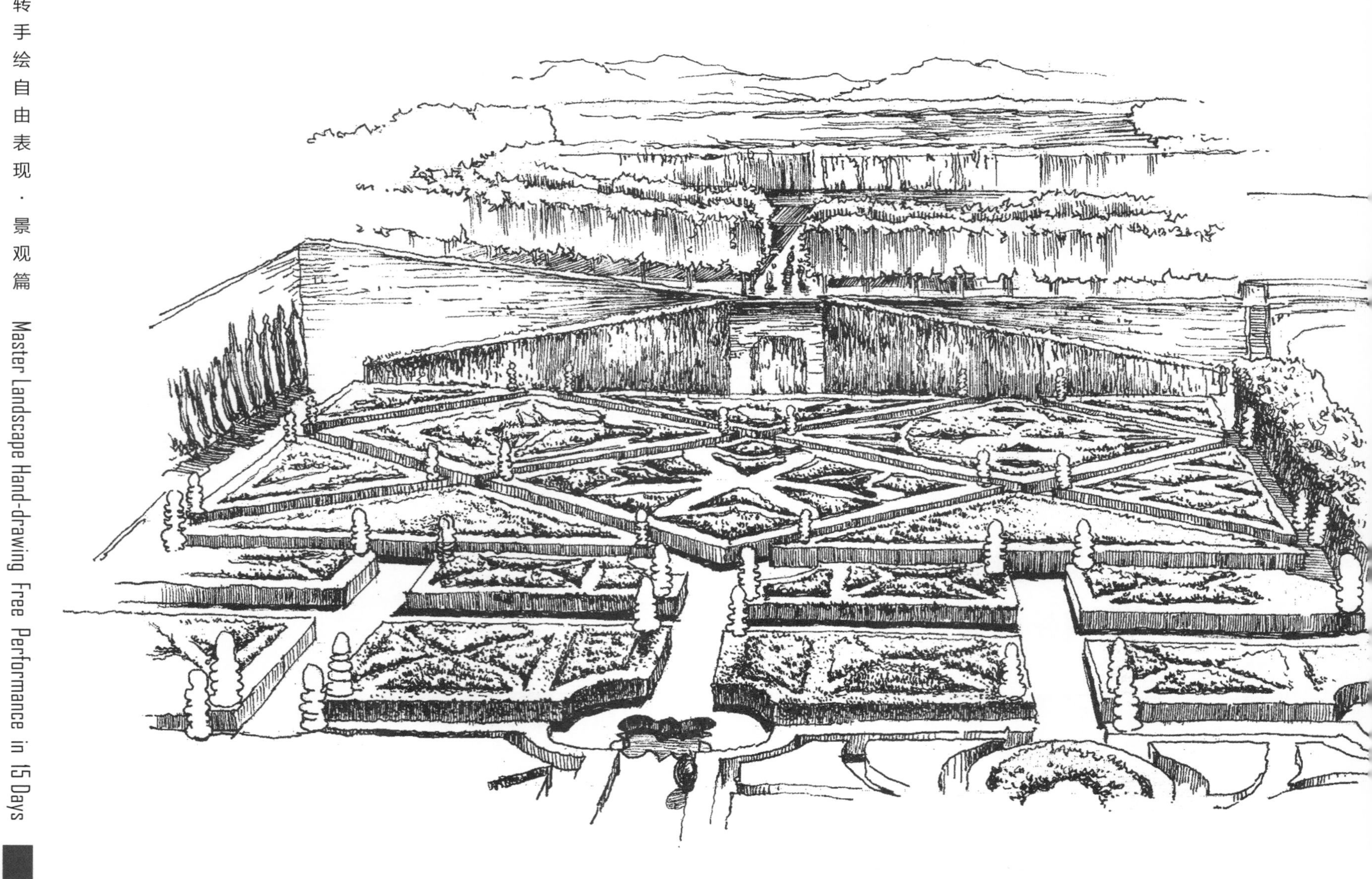

4.3 精细式（3）

4.3 精细式（4）

4.3 精细式（5）

4.3 精细式（6）

4.3 精细式（7）

4.4 写意式（1）

用舍与得的方式绘画，主要目的在于传达出空间的纯粹感受，敢于舍弃。

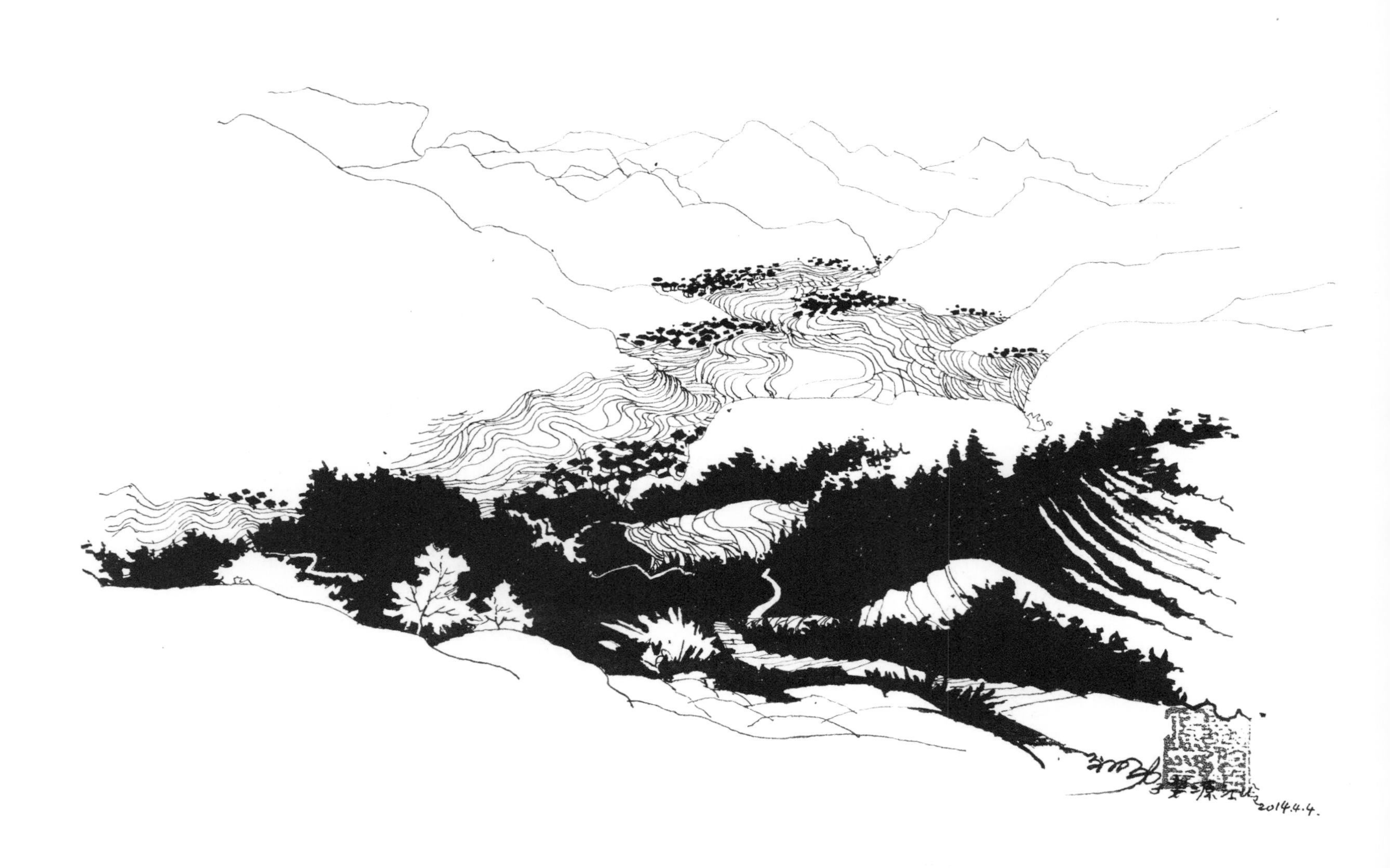

4.4 写意式（2）

七手绘

4.4 写意式（3）

4.4 写意式(4)

4.4 写意式（5）

2013.03.02

4.4 写意式（6）

4.4 写意式（7）

4.5 鸟瞰式（1）

鸟瞰图框架的开角决定鸟瞰图的视角高度，根据平立面图运用空间推敲法进行绘制。

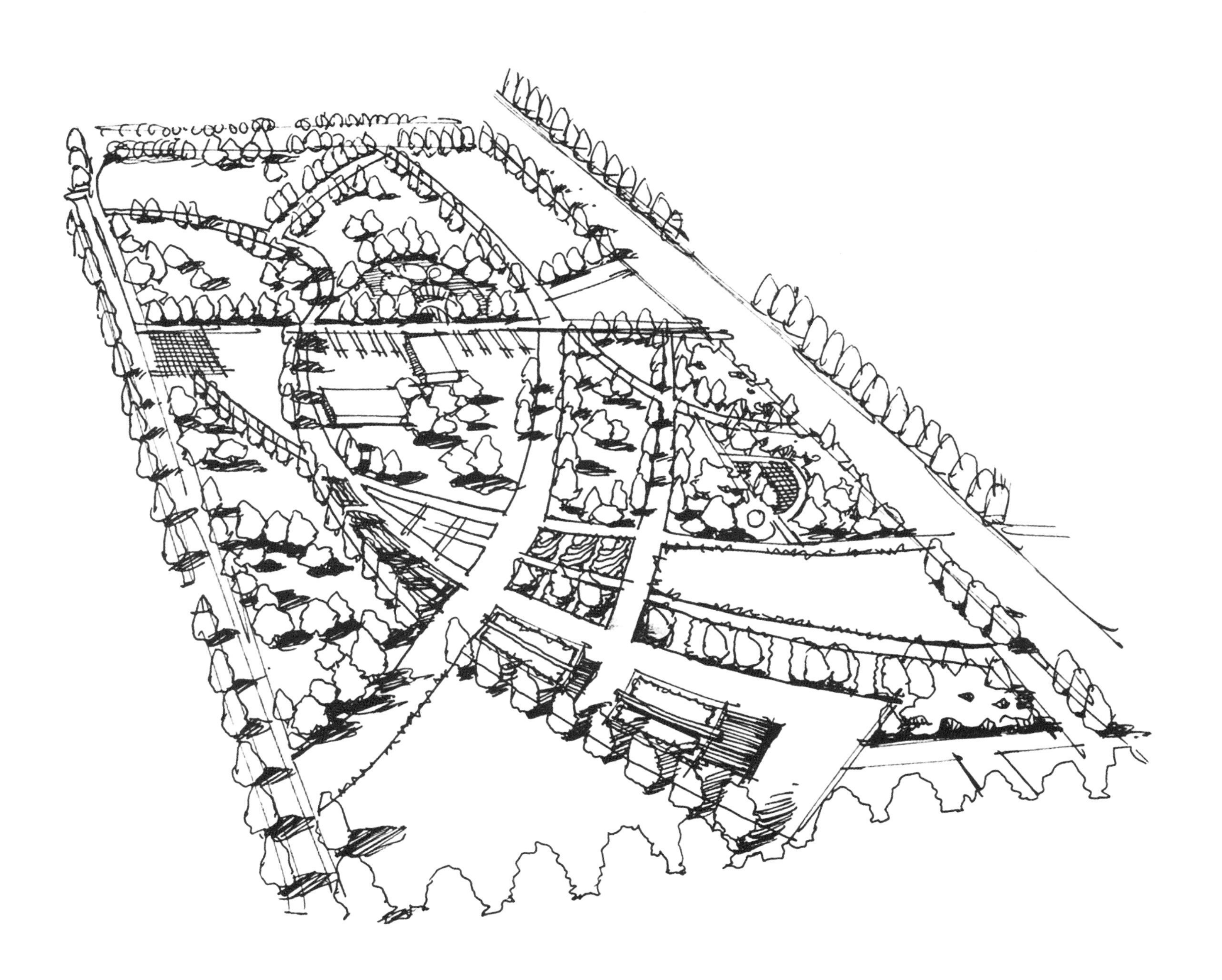

4.5 鸟瞰式（2）

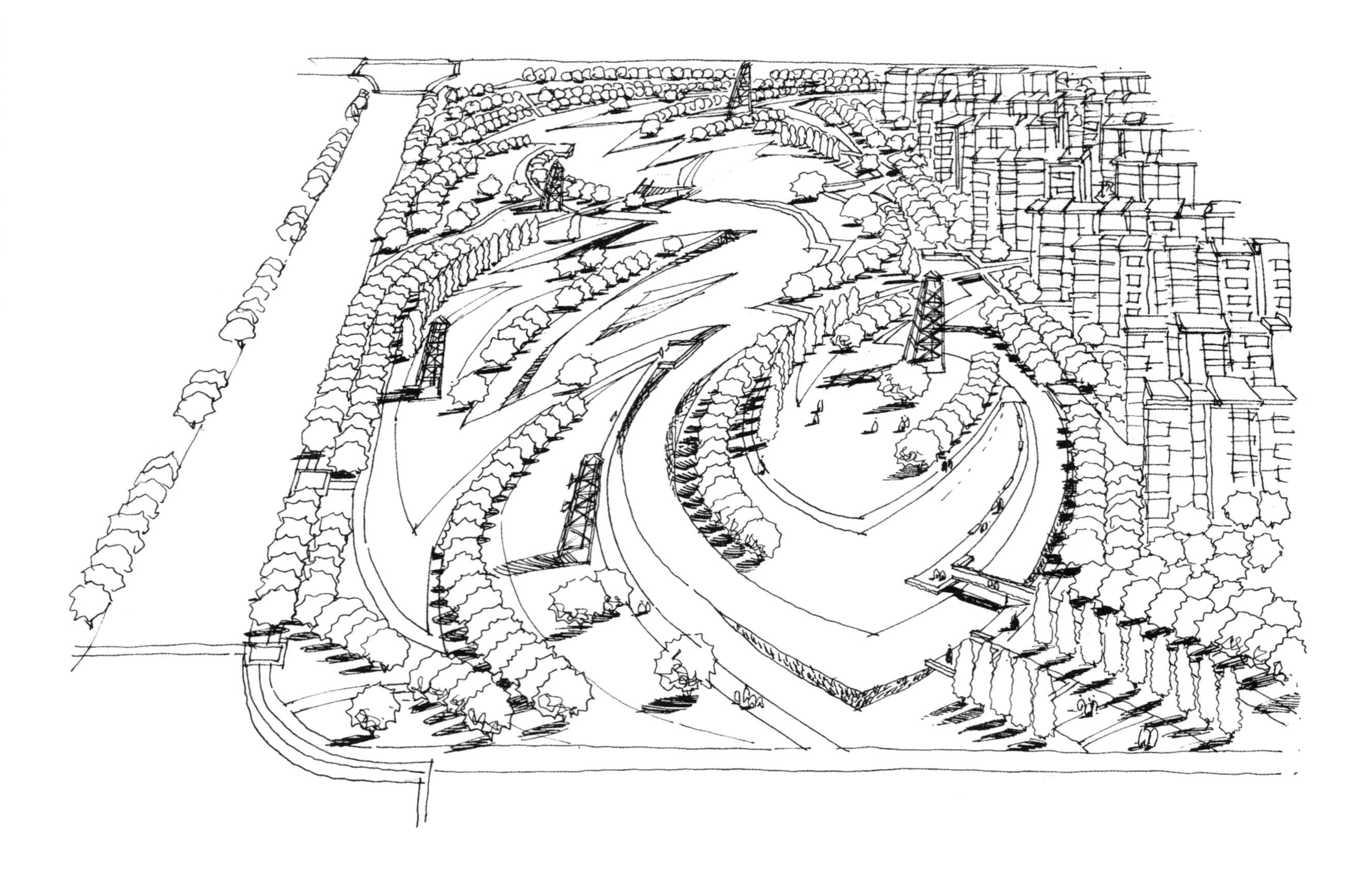

4.5 鸟瞰式（3）

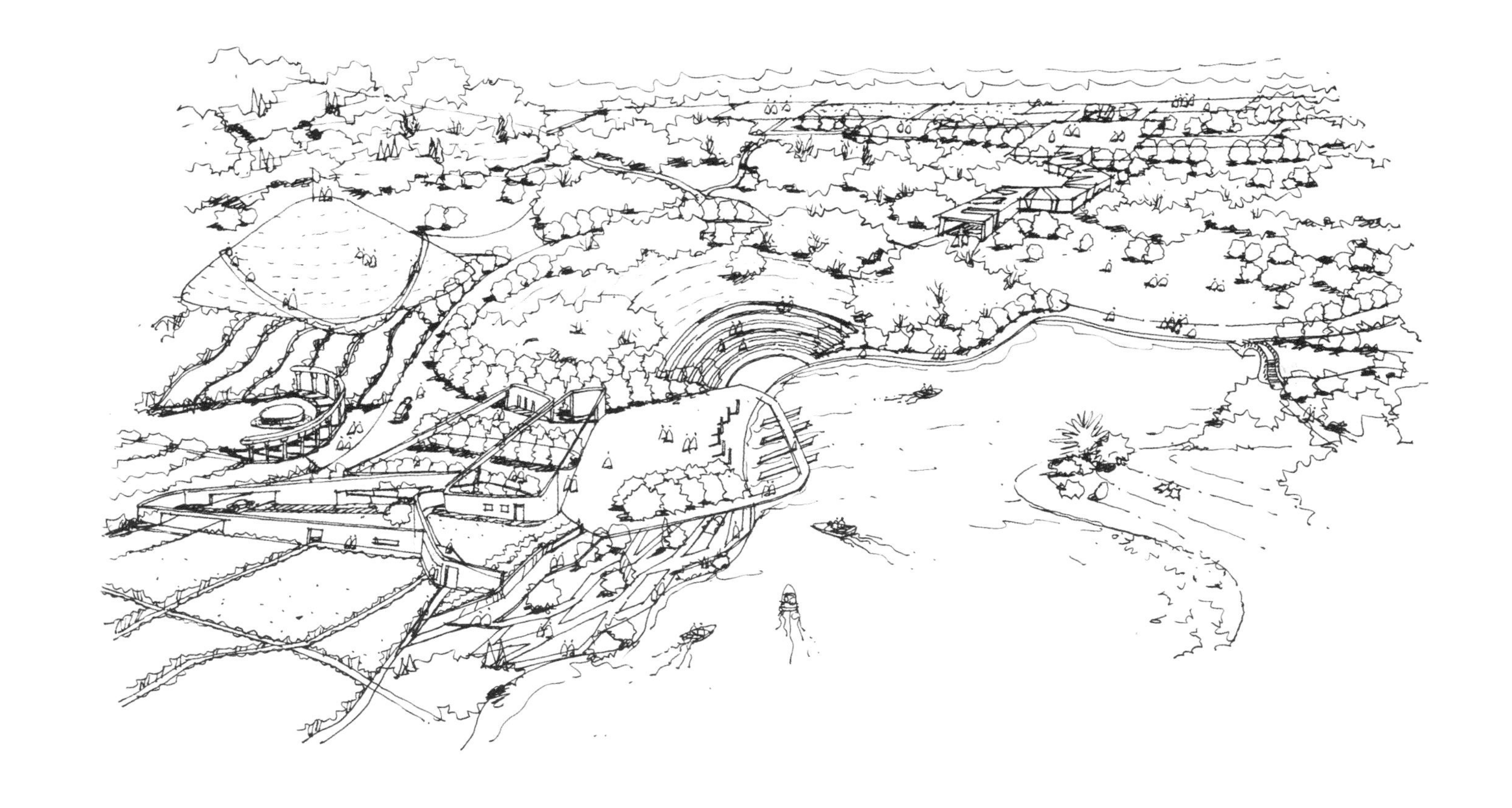

4.5 鸟瞰式（4）

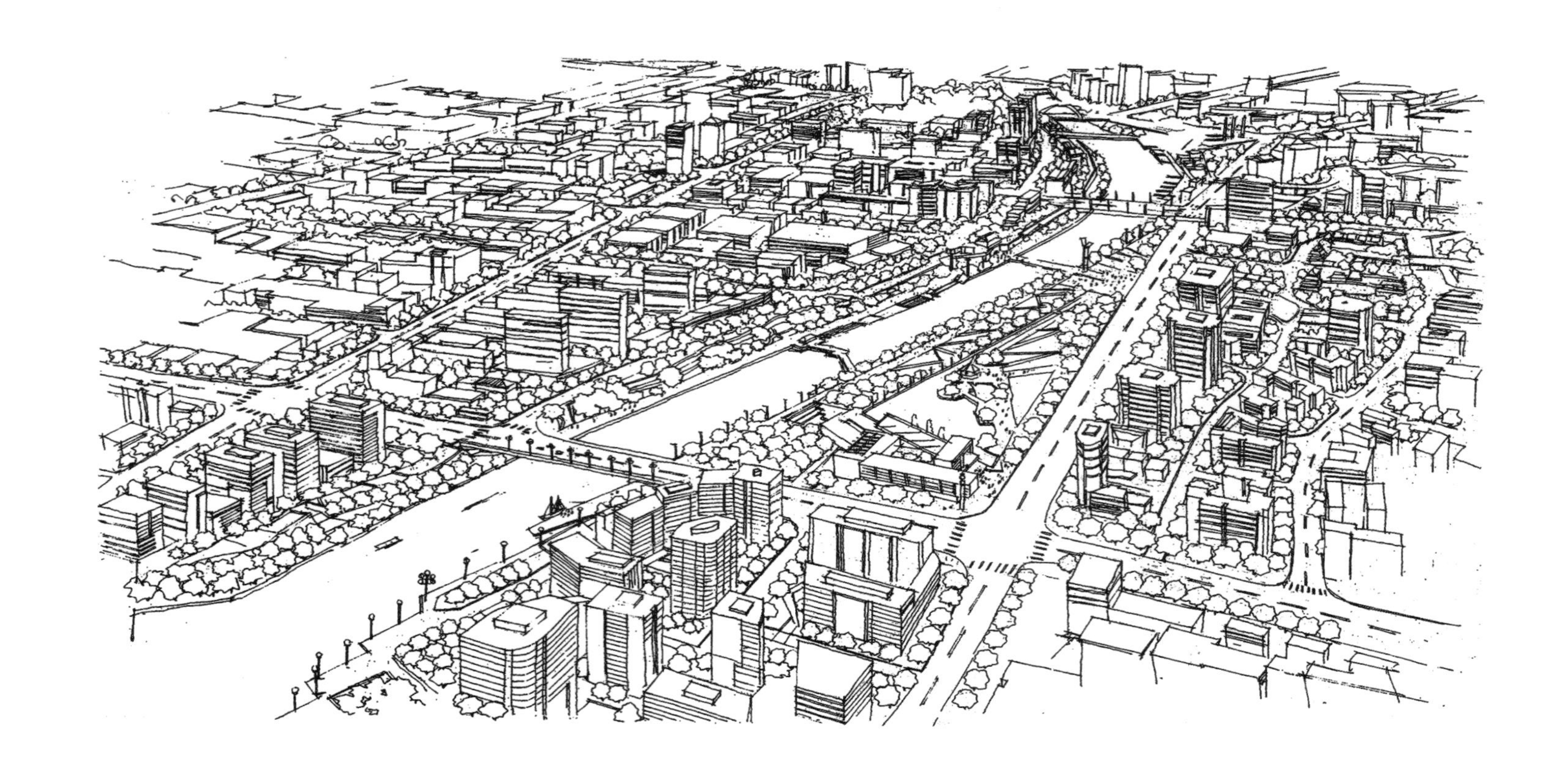

4.5 鸟瞰式（5）

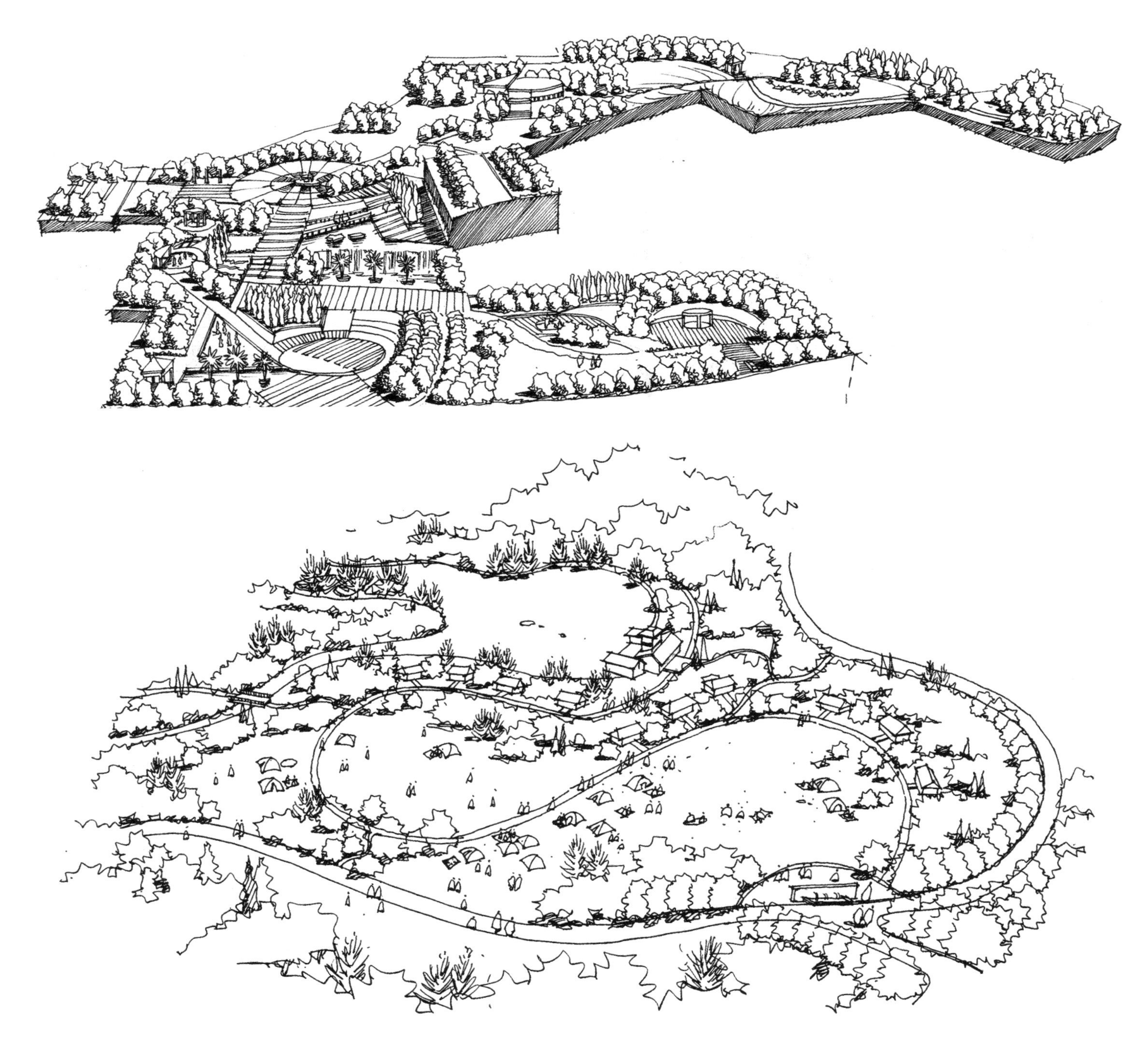

第五章　马克表现

第一节 要点架构

综合技法以色彩原理为基础，通过讲解不同的要点增强对马克笔及各种神奇的使用技巧和方法的了解，在课堂中进行优秀案例分析与常见问题分析。

练习内容	时间	纸张数	天数
工具性能	5 小时	10 张	共五天
配色方式	10 小时	20 张	
材质刻画	10 小时	10 张	
综合表现	25 小时	20 张	

第二节 色彩原理

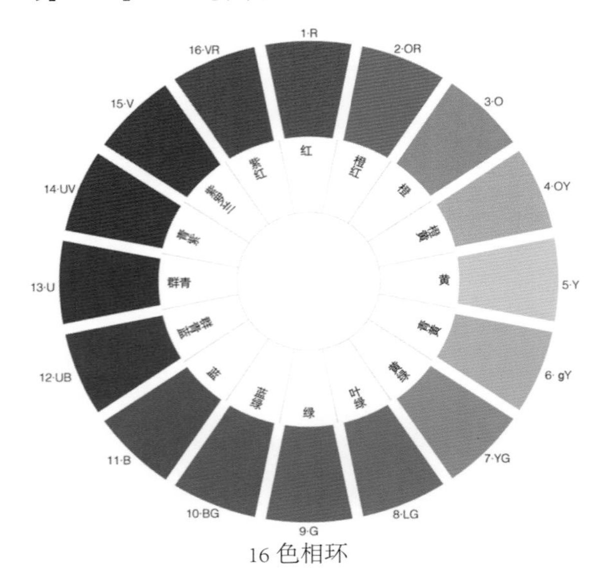

16 色相环

2.1 色相环

不同色彩搭配时，色相、纯度、明度会使色彩关系产生变化。

浅色搭配明度对比较弱，浅色与深色搭配明度对比加强。

色环上距离较近颜色搭配画面稳定统一，色环上距离较远颜色搭配画面活跃丰富。

色环上 180°相对的色彩搭配，画面色彩对比最强。

角度为 22.5°的两色间，色相差为 1 的配色，称为邻近色相配色。

角度为 45°的两色间，色相差为 2 的配色，称为类似色相配色。

角度为 67.5° ~112.5°，色相差为 6~7 的配色，称为对照色相配色。

角度为 180°左右，色相差为 8 的配色，称为补色色相配色。

2.2 色彩搭配

低明度对比　　低明度对比　　高明度对比

2.2.1 同一色配色

同一色配色是将相同色调的不同颜色搭配在一起形成的一种配色关系。同一色调的颜色、色彩的纯度和明度具有共同性、明度按照色相略有所变化。

2.2.2 对比色配色

对比色调因色彩的特征差异，能造成鲜明的视觉对比。对比色调配色在配色选择时，会因横向或纵向而有明度和纯度上的差异。例如：浅色调与深色调配色，即为深与浅的明暗对比；而鲜艳色调与灰浊色调搭配，会形成纯度上的差异配色。

2.2.3 明度配色

明度是配色的重要因素，明度的变化可以表现事物的立体感和远近感。中国的国画也经常使用无彩色的明度搭配。有彩色的物体也会收到光影的影响产生明暗效果。像紫色和黄色就有着明显的明度差。

第三节 工具性能

.1 马克笔性能

俗话说：“磨刀不误砍柴工”。尤其对于手绘初学者了解马克笔性能是至关重要的，马克笔的诞生决定了其命运与属性。马克笔的前身是记号笔，于标记工业批量化产品的标号。一位设计师在工厂提货时，随手捡了一只磨掉笔头的记号笔画出设计手稿，这一设计草稿风靡一时。这成了开发商的入点，此后马克笔应运而生。马克笔的材质属性就是一种高度概括的色彩工具，它的塑造力以及可修改性远远不如水彩、水粉、油画等色彩工具。但不能说马克笔就能画得特别精细，如马克笔过渡不了的细节就需要彩铅进行弥补，许多材质属性的刻画就需要借助高光笔，改正液等工具来刻画物质光等，所以马克笔本身优势与弊端非常明显，我们要大力发挥其干净利索高度概括色彩张力的优势，通过彩铅、高光笔等弥补其不易于刻画细节的弊，这样去理解马克笔才能将其运筹帷幄。

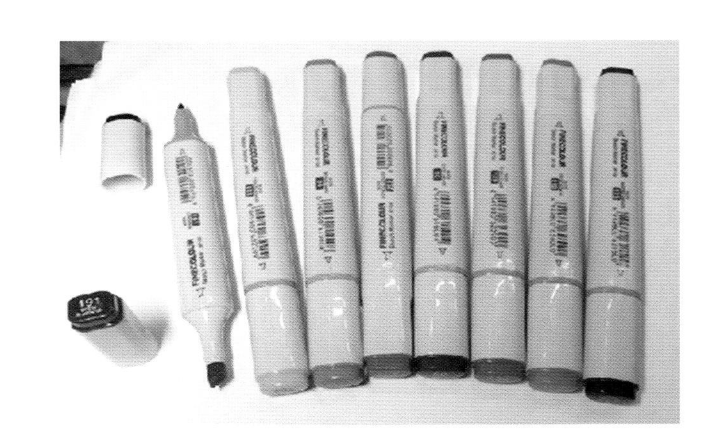

马克笔性能是众多初学者的绊脚石，使得许多初学者不知如何下笔，所以导致画面效果不佳。笔者通过多年的教学实践，来分析马克笔几个特别重的性能。

1.1 透明性

透明性的色彩工具都缺乏覆盖力，所以这一性能就决定了马克笔叠加的时候只能用重色盖住浅色，所以使得上色步骤是由大面积浅色到深色过渡，果想要浅色盖住深色就必须借助辅助工具，如改正液等。

1.2 速干性

马克笔的溶剂大都属于快速挥发性溶剂，一画到纸上，数秒钟就干透，所以要想色彩之间衔接过渡必须得速度快才行，同时马克笔的明度变化也体在速度上面，同一支马克笔画得速度越快，明度越高，反之明度越低。

1.3 不易修改性

马克笔的溶剂与覆盖力弱等特性就决定了它不具备反复修改的承载力，所以绘制时要大胆肯定，先对配色做到胸有成竹，然后再选择马克笔大胆肯地去描绘，不要优柔寡断，否则就发挥不出马克笔的魅力，尽量在数遍之内画到位，如反复修改将会导致闷、脏等不透气的效果。

1.4 笔头变化属性

马克笔笔头有方头与圆头两种，两者之间的笔触感也不太一样，所以要对笔头进行分析，笔头不同，画面出来的状态也不一样，所以这一特性也是关重要的。这就是为什么许多初学者有比较好的画面感，但是一用马克笔这一工具就发现与自己想要的效果出入特别大。初学者要掌握马克笔的笔触律，顾名思义就是能随心所欲画出自己想要的笔触感，如坚实有力的笔触、柔和湿润的笔触，点线面笔触控制得当。

3.2 用笔方法与原则

3.2.1 用笔方法

A. 点的用笔

B. 线的用笔

C. 面的用笔

3.2.2 用笔原则

材质属性分类法：硬质物体用笔尽量干净利索刚劲有力；软质物体用笔尽量柔。

初学者要对物体的材质感有良好的敏感度，才能依据自己的感受来刻画材质。

点

线

面

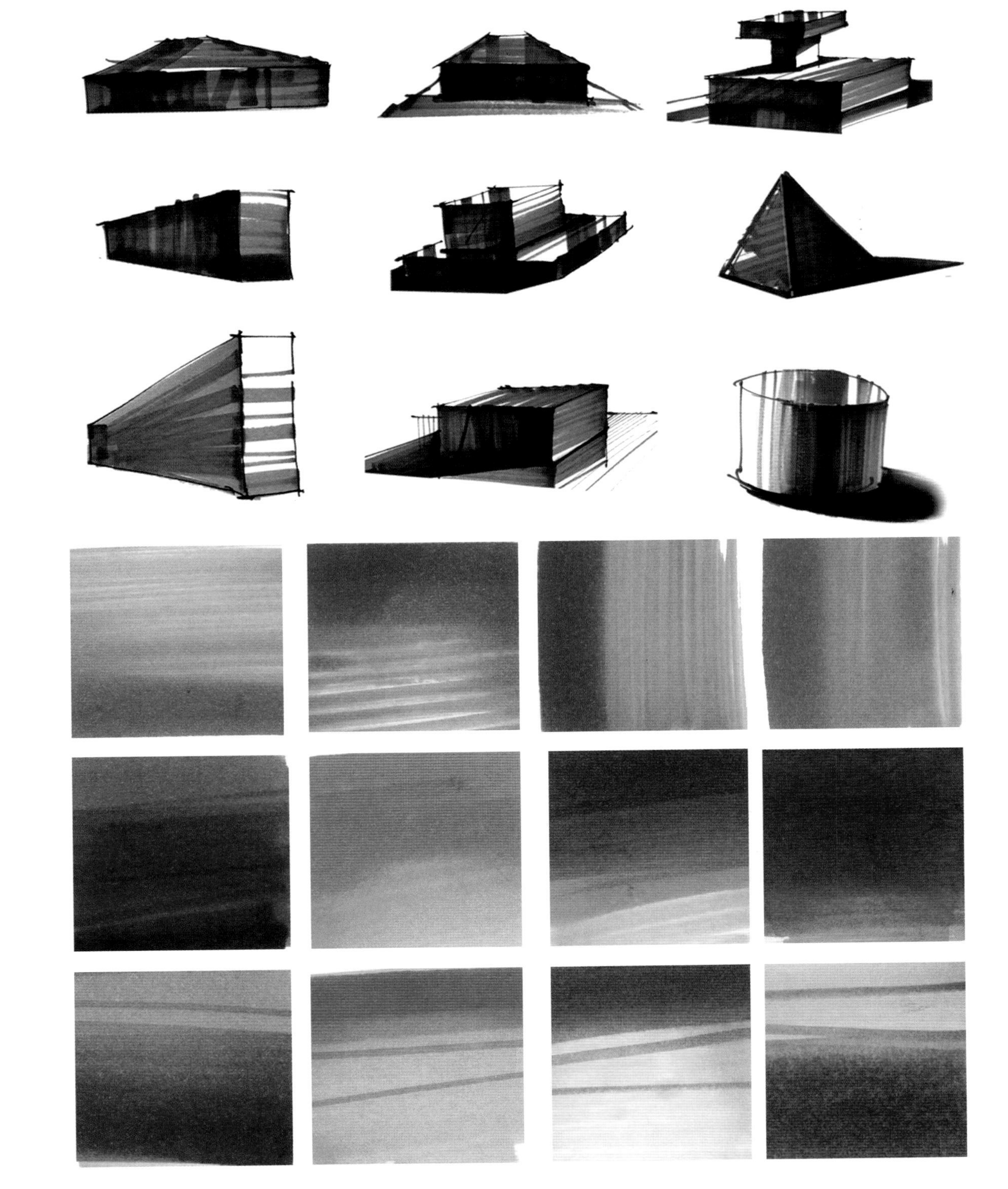

3.2.3 马克笔干接湿接技法

A 单色过渡技法

B 面的湿接技法

C 面的干接技法

3.3 辅助工具的使用

3.3.1 修改液性能及使用方法

修改液有极强的覆盖能力，在马克笔技法表现中常用于对画面细节进行修改。第一通过修改液的提白，可以在表面重复更改马克笔的色彩，使颜色更加丰富，层次更加明确。第二是在受光面点缀高光，营造极强的光感。

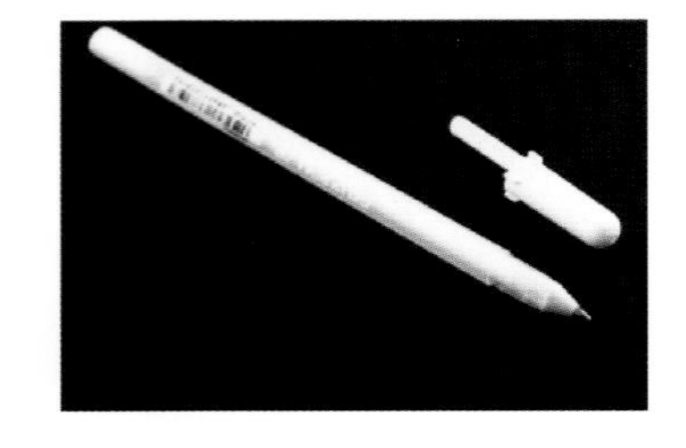

3.3.2 高光笔性能及使用方法

高光笔又称勾线笔，由于其笔头极细，又有较强的覆盖能力，可以轻松勾画物体细节。在细节刻画方面可以结合直尺让画面细节更生动。

3.3.3 油漆笔笔性能及使用方法

油漆笔具有半透明的覆盖效果，笔头相比修改液更细。在色彩的修改力方面，由于半透明的性能，即使不重复叠加色彩，也能达到丰富画面层次的效果。在细节刻画方面比修改液更加细腻。

3.4 彩铅的性能

3.4.1 铅笔属性

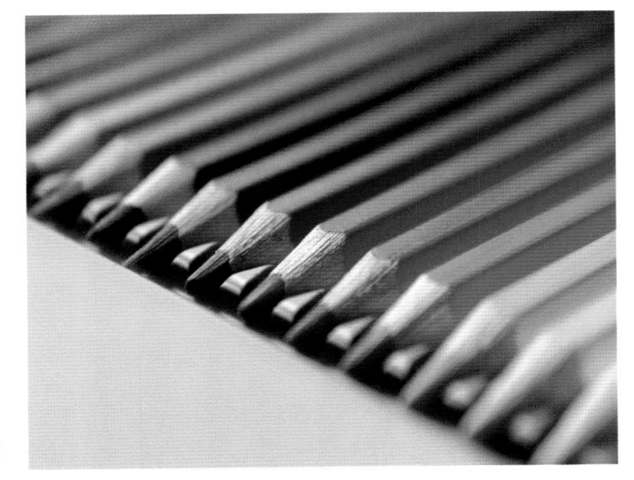

彩铅笔头细小，刻画力强，能反复雕琢。色彩的变化与过渡很好控制，画暗部应一步到位，忌反复上色，否则会导致暗部油腻不透气。

A 明度纯度变化易控性

彩铅的明度由力度与遍数控制，画浅色调时需轻松用笔，浓墨重彩的效果增加力度与遍数。

B 易修改性

具备铅笔属性，所以可以擦拭与修改，可以降低初学者的难度，门槛较低。

C 柔和细腻性

由于彩铅的笔头可以削得很细，所以在刻画细节方面具备先天优势，能将物体的材质属性刻画细致。

3.4.2 铅笔笔触技法

A 用力加强，色彩明度减弱、纯度增强

B 水溶性彩铅在加水调和后色彩更加柔和，过渡更加自然

C 平行线、交叉线、自由曲线的色彩过渡技法

D 不同色彩笔触之间通过力度的改变轻松过渡或进行色彩的叠加

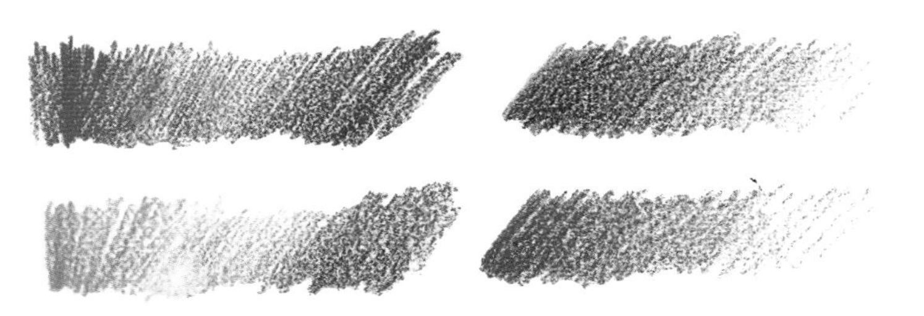

3.5 马克笔笔触常见问题

笔触没有秩序感 ▶

不同材质的表现需要用不同笔触和笔法组织来实现，马克笔笔触具有丰富的变化，在绘制过程中应该充分运用。

边界渗透 ▶

马克笔在边界停留时间过长容易出现渗透，小面积渗透时可以用更深的颜色压出形状。

不会留白 ▶

留白部分应该在物体的亮面，不应在暗面和投影中无意识留白，破坏了画面的整体感和光影效果。

害怕快速画 ▶

由于马克笔不具有覆盖性，所以在上色的过程中是由浅到深的，速度越快颜色越浅。所以在画浅色时可快速大胆下笔，画深色时才需谨慎用笔。

黑白灰关系弱 ▶

在选笔时就应该对黑白灰关系有一个预想，色彩受到色相的干扰有时难以区分出深浅，这时可以把画拍成黑白照片就能理解了，在绘制时需要考虑不同色块的明暗关系。

绘制形体时没有节奏意识 ▶

这里说的节奏是指点线面的节奏关系，一幅画面应是不同点线面的组合，可把植物看作亮面、暗面，水看作边界线、水纹线的组合来绘制。石块和睡莲可看作画面中的点来处理。

第四节 单体上色

4.1 平面图上色

选笔时确定主色调，做好明度区分和用色规划，先画浅色亮部，后画深色暗部，最后处理投影。强化场地边界、合理留白。

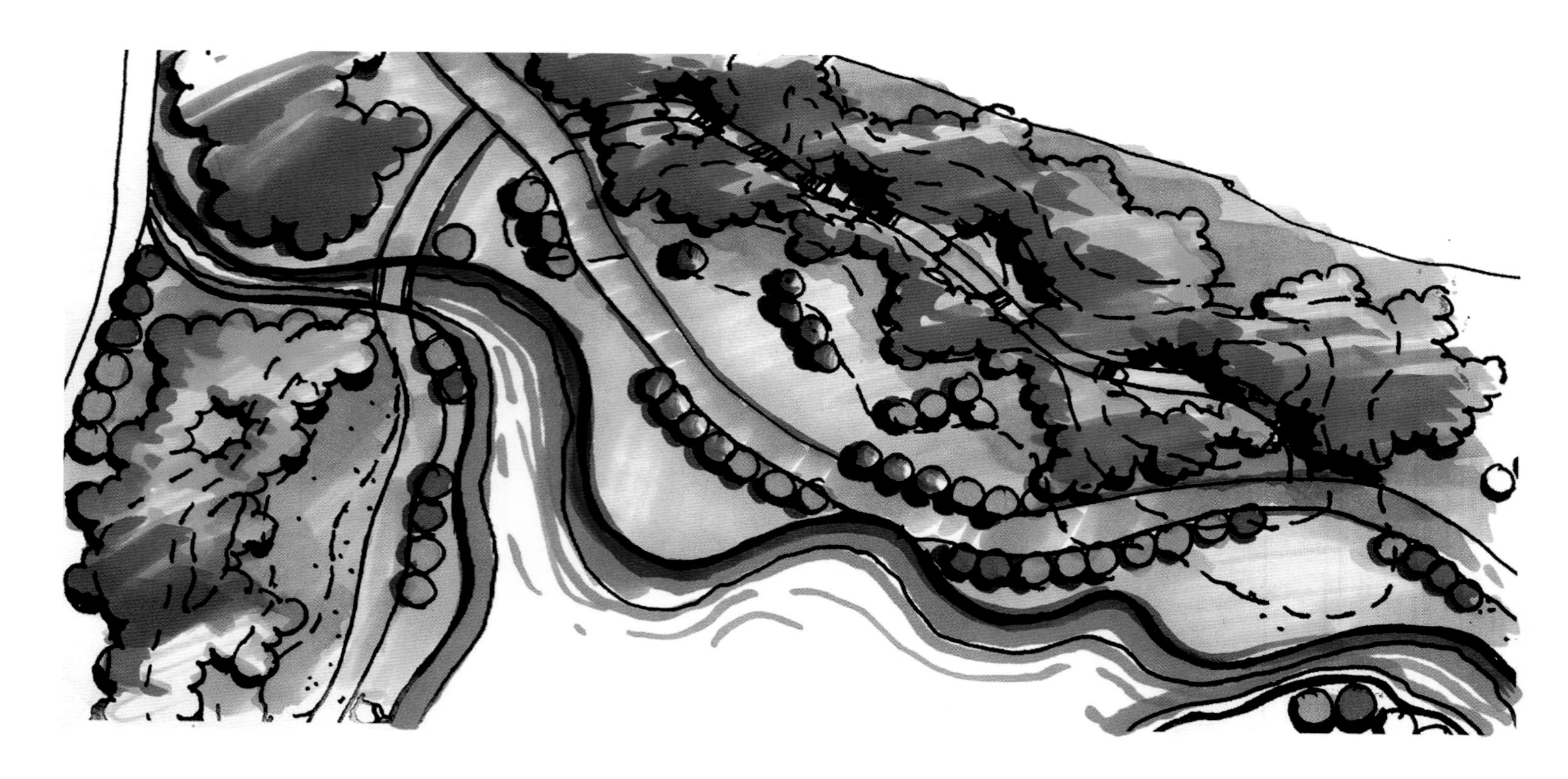

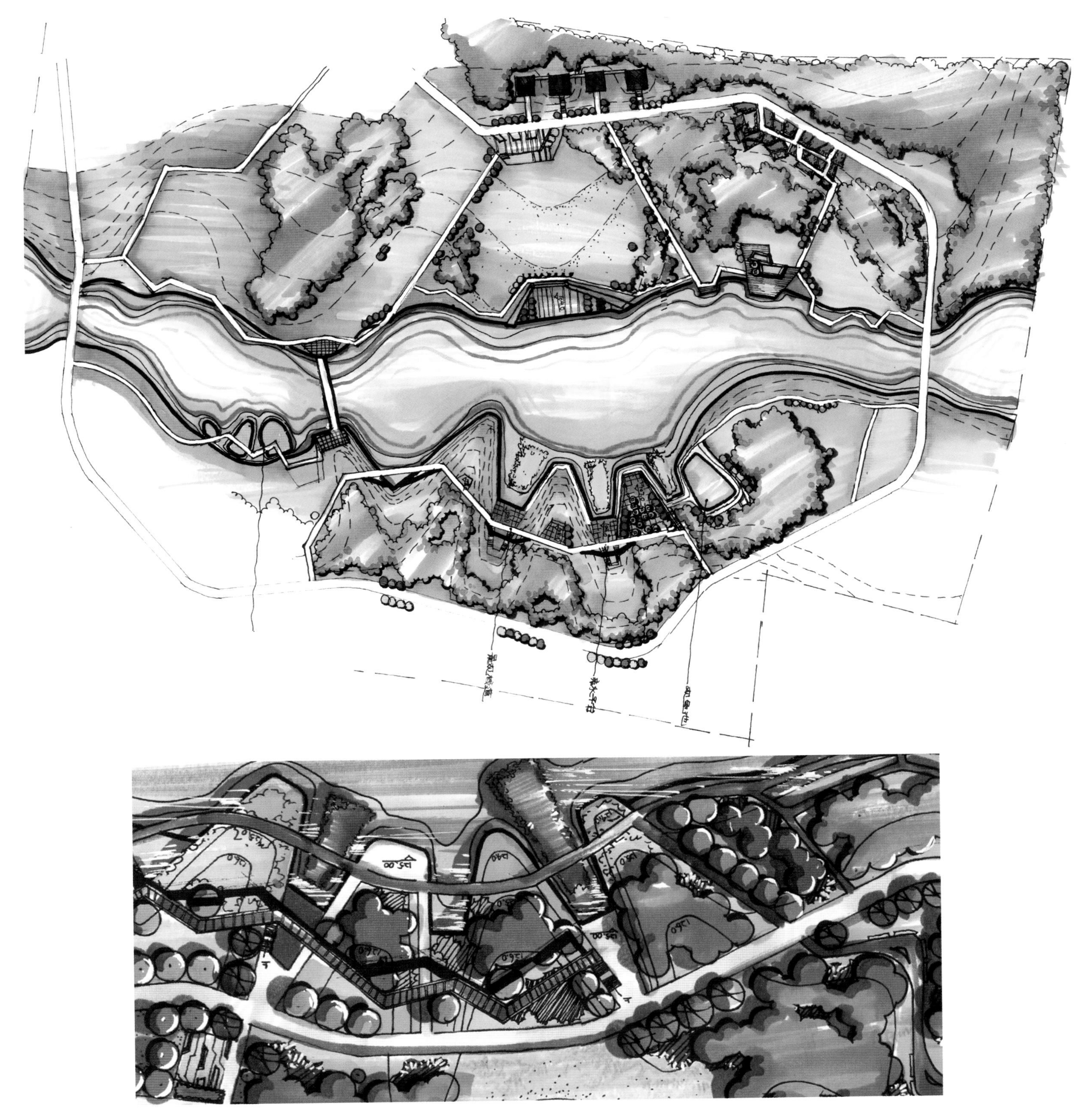

4.2 乔木单体上色

选择三、四支具有明度渐变的同一色或邻近色的笔，绘制时把亮面、暗面、枝干分开，边界局部放松笔触，半透明油漆笔可以画高光和枝干形状，硫酸纸、打印纸、宣纸的材料上色可形成不同效果。

4.3 灌木单体上色

不要被植物的细节束缚，先把整体亮面暗面分开，处理细节时用油漆笔、高光笔提亮前端细节，再用重色压住暗部，注意边界与线稿的吻合。

4.4 草地配景上色

注重草地的整体感及前后空间明度变化、色彩冷暖变化、纯度变化。近景草地可运用高光笔或油漆笔刻画草地细节。

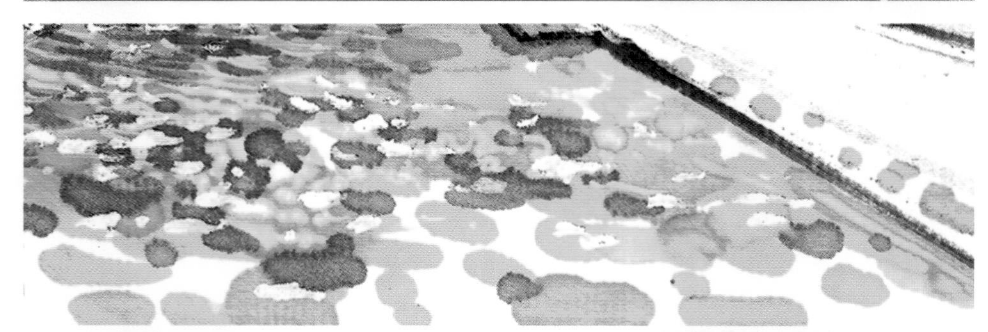

4.5 石头单体上色

硬质物体亮面快速带过，暗面和亮面应有强烈的区分，选择不同的色彩倾向加入，高光笔或油漆笔画出棱角感和细节。

4.6 水体上色

4.6.1 动水上色

注重表现水的流动感，依据水的特点，亮与暗有强烈的对比，在用改正液或油漆笔画流动水形时底色应是较深的颜色，笔触应具有速度感和疏密关系。

4.6.2 静水上色

边界肯定，倒影渐变且形状与垂直方向物体有对应关系，不同颜色快速湿接形成润泽的融合色彩。结合彩铅画出水中倒影的细腻变化。

4.7 铺装上色

铺装上色主要分为底色、反光色、环境色。底色可快速平铺或依照透视方向湿接画出渐变，反光应是垂直方向的用笔，适当融入环境色，用小笔触刻画铺装细节。

4.8 天空上色

4.8.1 晴天马克表现

柔软的天空质感可侧方向使用笔头并转动笔头画出柔软的质感，留白的形状应该与所画形状具有咬合关系。

4.8.2 多云马克表现

卷曲的云应该体现出亮面与暗面的区分，主观处理点线面的对比关系。

4.8.3 阴雨马克表现

云雨的背景天空颜色较深时才能体现出雨水的细节，半透明油漆笔画远处的雨水，白笔画近处的雨水，这样才会使之产生空间感。

第五节 节点上色

第六节　步骤上色

6.1 马克笔上色步骤（1）

第一步：铺大色

　　根据所要绘制图的格调，进行内心配色。如红色是整个色调的主体色，就应合理安排红色在整个画面中的百分比、辅助色的百分比、各色彩的纯度与明度关系。在配色完成后，对整个画面的色调胸有成竹。先配色后上色对初学者而言尤为重要，否则无法驾驭整体色调。

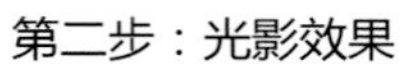
第二步：光影效果

　　在整个画面的大色调铺设完毕之后，注重投影与物体形状的对应关系，并迅速将整个画面的光影关系建立起来，将画面的黑白灰关系拉开。这种从整体入手的绘制方式有利于初学者自信心的建立。

第三步：细节刻画

从画面主体物开始刻画，将物体的细节，肌理，材质等刻画到位，然后根据画面物体的主次关系逐一刻画。此过程注意画面节奏，避免平均对待而导致缺乏张力与节奏感。

第四步：调整

整个细节刻画完之后画面的主次关系、结构关系、光影关系会相对减弱，所以最后一步要有所取舍，保证整体关系，舍而有所得。

6.1 马克笔上色步骤（2）

第一步：铺大色

第二步：光影效果

第三步：细节刻画

第四步：调整

七手绘

6.1 马克笔上色步骤（3）

第一步：铺大色

第二步：光影效果

第三步：细节刻画

第四步：调整

6.1 马克笔上色步骤（4）

第一步　　第二步

第三步

6.1 马克笔上色步骤（5）

第一步

第二步

第三步

6.1 马克笔上色步骤（6）

线稿

大师案例 # 秦皇岛汤河公园

设计师：俞孔坚

2007 年 ASLA 专业奖评语："这个项目创造性地将艺术融于自然景观之中，设计新颖却不失功能性。它有效地改善了环境。"

第一步　　第二步　　第三步

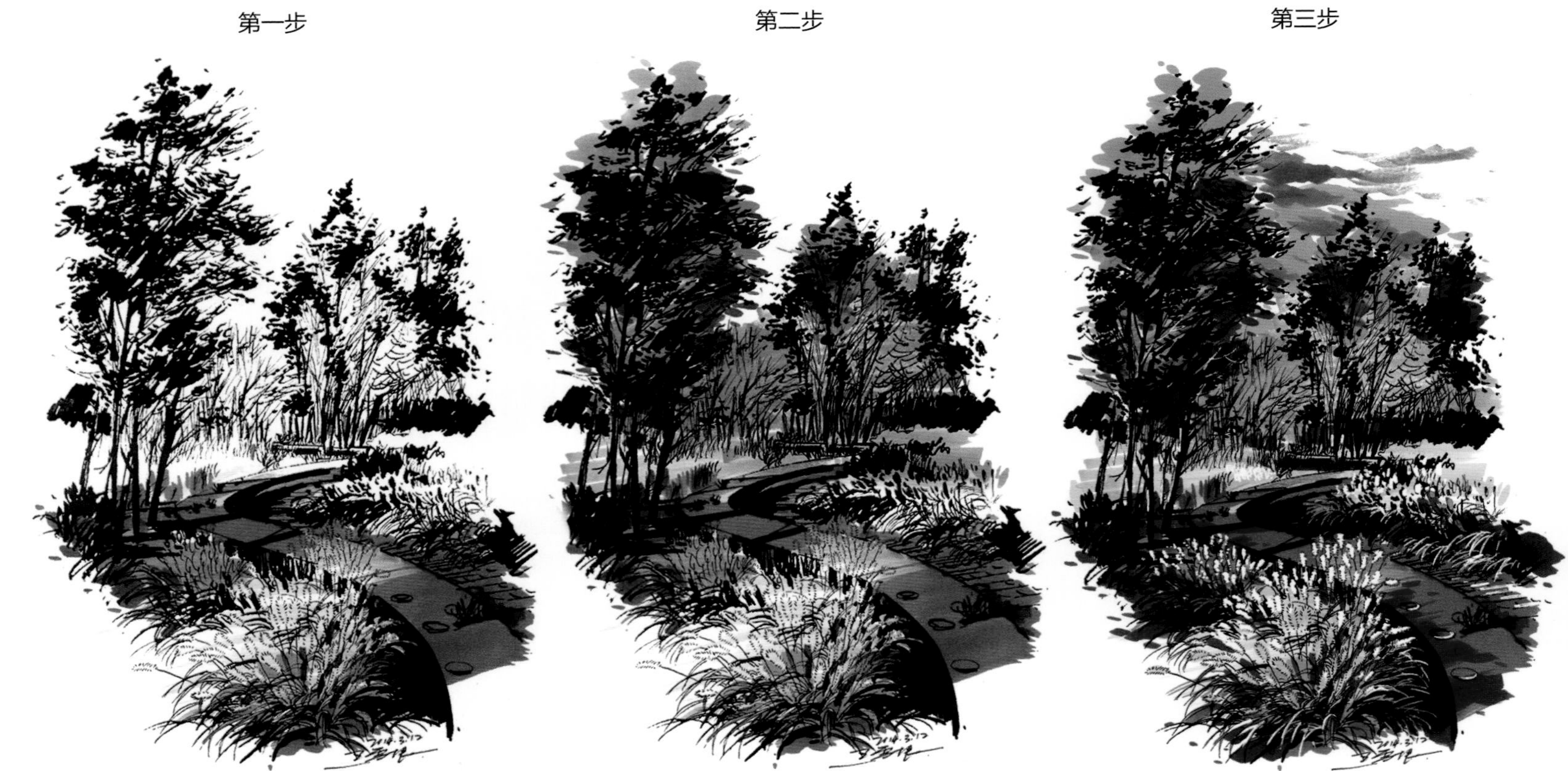

2014.3.12

6.1 马克笔上色步骤（7）

大师案例 # 纽约格林埃克公园

设计师：佐佐木英夫

公园入口处为一个廊架，通过廊架下面的台阶可以上到比人行道稍高的主要休闲区。一家小吃店的墙成了公园入口的一侧，而另一侧的水墙则成为公园中动人的景点，不断地吸引着游客。

第一步

第二步

线稿

第三步

6.1 马克笔上色步骤（8）

大师案例 # 纽约格林埃克公园

设计师：佐佐木英夫

格林埃克公园是纽约市使用率很高的公园之一，每周的游客达 1 万人以上。它沿街长 20 米，进深 40 米，相当于一个网球场的面积。公园运用植物和水景并结合地形，形成了丰富的多层次休闲空间。

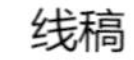

第一步

第二步

第三步

2014.3.14

6.1 马克笔上色步骤（9）

大师案例 # 青山绿水园

设计师：枡野俊明

“青山绿水的庭”，只见山石嶙峋、细水潺潺，品位独特，是个罕见的园林佳作，显示出设计师机野俊明对石与水造景以及庭院景观的处理功力。

第一步

第二步

线稿

第三步

6.1 马克笔上色步骤（10）

大师案例 # 新加坡“心灵花园”

设计师：王向荣

花园位于新加坡新达城国际会展中心室内，平面为 10 米乘 10 米大的正方形。在有限的面积内表现出了中国花园的空间变化和诗意。

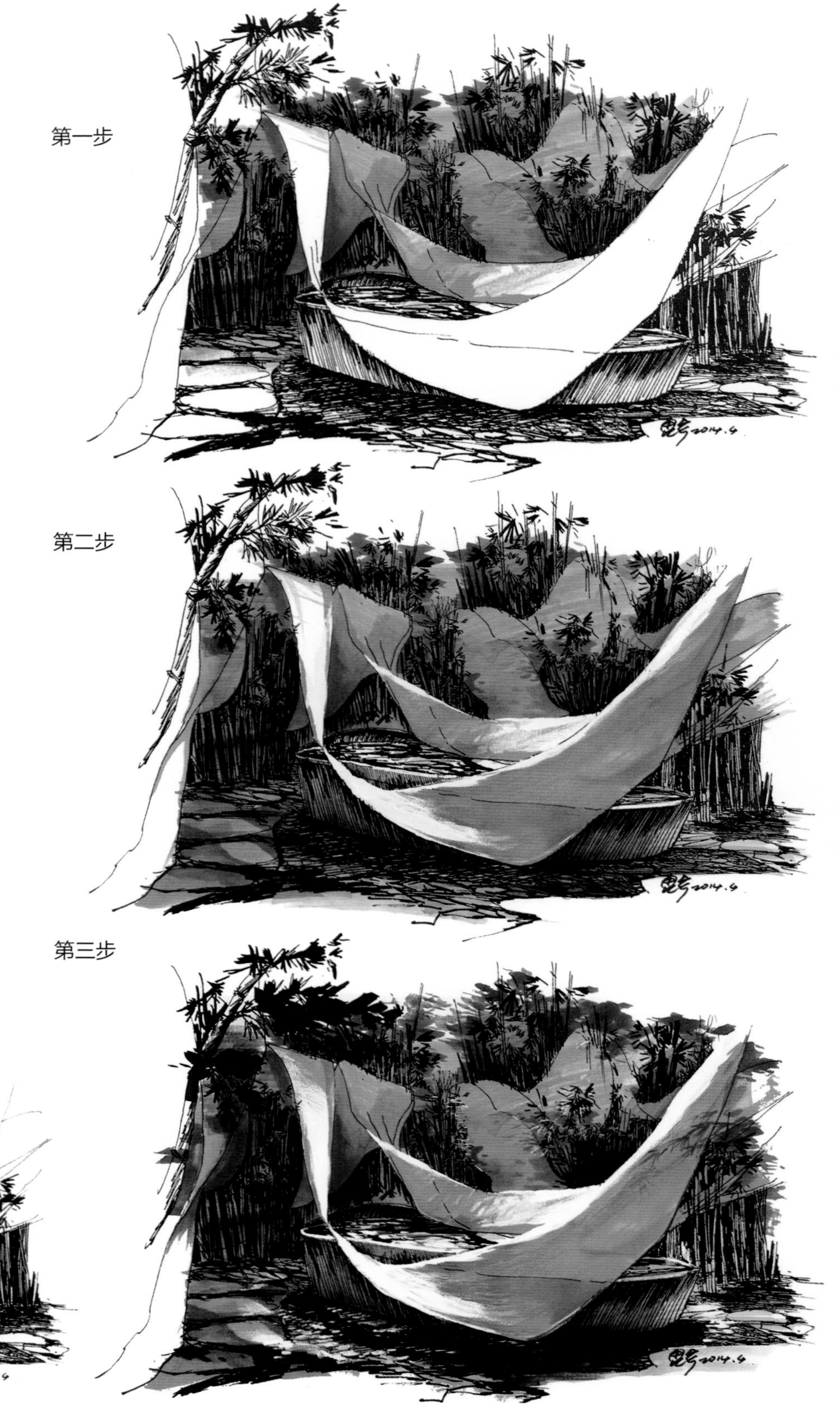

第一步

第二步

第三步

线稿

2014.4

6.1 马克笔上色步骤（11）

经典案例 # 波鸿市西园

西园处于高速公路与城市环路交汇处，由于地处交通要地，噪声颇大且影响周围居民，是一处看来毫无建园希望的地段。设计时大动土方，地形的处理使得西园具有阿尔卑斯山山前谷地式的风景特征，谷带中是开阔的草坪及水面，它是游人活动与观赏的中心。山谷风景既可避噪声，又与慕尼黑所处的阿尔卑斯山山前这一地理环境相协调。公园周边的山坡上是各种休息和活动的场地台以及小花园。今天公园已有 20 多年的历史，林木早已郁郁葱葱。

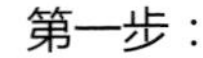

第一步：

第二步：

线稿：

第三步：

2014.3.12

6.1 马克笔上色步骤（12）

古典园林 # 留园

地点：苏州

留园的面积约 2 公顷，全园分为四个部分，在一个园林中能领略到山水、田园、山林、庭园四种不同景色：中部以水景见长，东部以曲院回廊的建筑取胜，园的东部有著名的佳晴喜雨快雪之厅、林泉耆硕之馆、还我读书处、冠云台、冠云楼等十数处斋、轩，院内池后立有三座石峰，居中者为名石冠云峰，两旁为瑞云，岫云两峰；北部具农村风光，并有新辟盆景园；西区则是全园最高处，有野趣，以假山为奇，土石相间，堆砌自然。池南涵碧山房与明瑟楼为留园的主要观景建筑。

线稿：

第一步：

第二步：

第三步：

2014.3.18

6.1 马克笔上色步骤（13）

大师案例 # 上海辰山矿坑花园

设计师：朱育帆

位于上海植物园西北角，邻近西北入口，主要通过绿环道路和辰山市河边主路与整个植物园相连。在辰山植物园整体规划中，矿坑定位为建造一个精致的特色花园，总体目标是成为国内首屈一指的园艺花园，项目主题是修复式花园。通过对现有深潭、坑体、迹地及山崖的改造，形成以个别园景树、低矮灌木和宿根植物为主要造景材料，构造景色精美、色彩丰富、季相分明的沉床式花园。

第一步：

第二步：

线稿：

第三步：

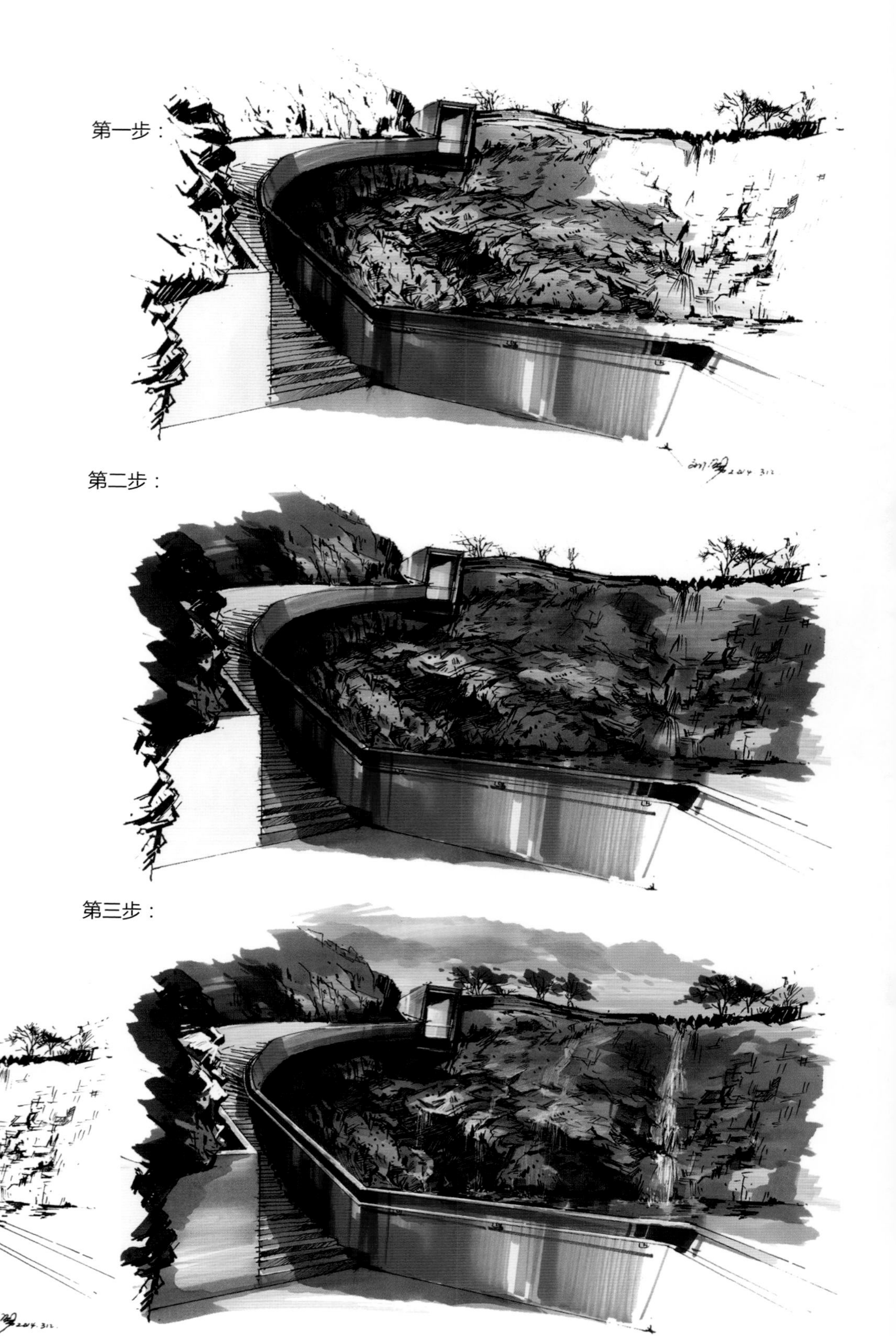

6.1 马克笔上色步骤（14）

大师案例 # 矿坑花园

线稿：

第一步：

第二步：

第三步：

七手绘

第七节 作品赏析

矿坑花园：

此作品太阳雨效果生动，其中暖黄色岩壁与乌云形成的强烈光影效果。岩壁用笔干净利索、色彩通透，是马克笔快速湿接技法的应用。乌云效果采用酒精溶解技法，雨水的疏密变化用高光笔绘制。

使用工具： 马克笔、高光笔、彩铅、酒精。

青山绿水园：

作品树丛边界以及自然植物笔触运用疏密得当，展现出优美的点线面节奏，水面配色柔和润泽。

使用工具：马克笔、高光笔、油漆笔、彩铅、酒精。

公园大场景：

本作品运用 AD 马克笔笔触快速表现出树丛生动的外轮廓，远景与前景强烈的纯度对比拉开空间。将 AD 马克笔性能发挥到极致，营造出水彩效果。

使用工具： AD 马克笔、修改液、油漆笔。

水景节点：

动感的植物笔触与平静水面形成对比，天空用彩铅柔和过渡，廊架刻画生动，用笔活泼，水面刻画通透灵动。

使用工具： AD 马克笔、修改液、彩铅。

小广场：

硬质的铺装，斑驳的树影和多变的树形显得生动而凉爽，营造出浓郁的夏日氛围。

使用工具：AD 马克笔、修改液、油漆笔。

街景：

以上作品用硫酸纸绘制，很好地结合了硫酸纸吸水性弱的特点，创造了天空色彩自然衔接的效果。松动的上色方式与高度概括的线稿结合，简洁有力。

使用工具： 马克笔、硫酸纸。

游乐场入口：

蓝天白色顶棚形成强烈对比成为画面中心，右下角的树荫形状点线面关系和谐，同时展现了通透的空间和斑驳的光影。

使用工具：马克笔、油漆笔、彩铅。

游乐场街道：

本作品中部构筑物湿接颜色丰富。人物的亮色与构筑物形成强烈对比表现出阳光明媚的感觉，云与蓝天的咬合关系自然而生动。

使用工具：马克笔、修改液、彩铅。

留园古建筑：

土红马克与紫红彩铅搭配表现古建筑的岁月沧桑，浓郁的绿树与红形成鲜明的对比，为古典庭院注入新的力量，多变而娴熟的笔触变化表现得淋漓精致。

使用工具：马克笔、油漆笔、修改液、彩铅。

日式庭院：

白沙的留白与草地明显的边界形成强烈对比，迅速表现出强烈的白沙质感，天空淡雅，给人安静的视觉感受。

使用工具：马克笔、油漆笔。

梦境：

马克笔与彩铅的搭配使用展现出一幅圣洁的梦境，强烈的光感和悦动的彩色线条让人耳目一新。

使用工具：马克笔、修改液、彩铅。

福建土楼夜景：

制作夜景图时，首先用亮黄色铺满亮光区域，后用深蓝色大胆快速压重画面，最后用油漆笔提亮夜景灯光细节，并罩染一层亮黄色。暖黄色灯光融入了浓厚的情感画面，十分动人。

使用工具：马克笔、油漆笔。

新加坡心灵花园：

一缕清澈的白光打入林中，有如凉风吹过般，素雅的色调似乎象征着君子竹高风亮节的品格。此作品巧妙留白，竹影用笔直截了当，营造出光影斑驳的画面感。

使用工具：马克笔、修改液、彩铅。

新加坡心灵花园：

蓝绿马克笔画出大色调，搭配紫红彩铅让画面变得冷艳，白笔勾画出前景叶片形状，坚毅的状态就这样表现出来。远景叶片在白纱上若隐若现的笔触让这一切变得通透而空灵。

使用工具：马克笔、油漆笔。

江洋畈生态公园：

当线稿是以大色块为主时，在上色时可以选择多用纯度高明度高的颜色，这样的颜色在黑色衬托下显得活力充沛，十分耀眼夺目，树枝依照树越往上枝条越多、枝条越细的生长规律进行绘制。

使用工具：马克笔、修改液。

江洋畈生态公园冬景：

两支浅黄色马克迅速湿接渲染出冬日黄昏意蕴，通过冷暖的对比手法将枯树林的空间感表达得淋漓精致，远景树林高度概括，色彩一遍到位用以衬托前景色彩的绚烂以及枯树的姿态美。投影的形状应和树形呼应，树上斑驳的质感用油漆笔和改正液绘制。

使用工具：马克笔、油漆笔。

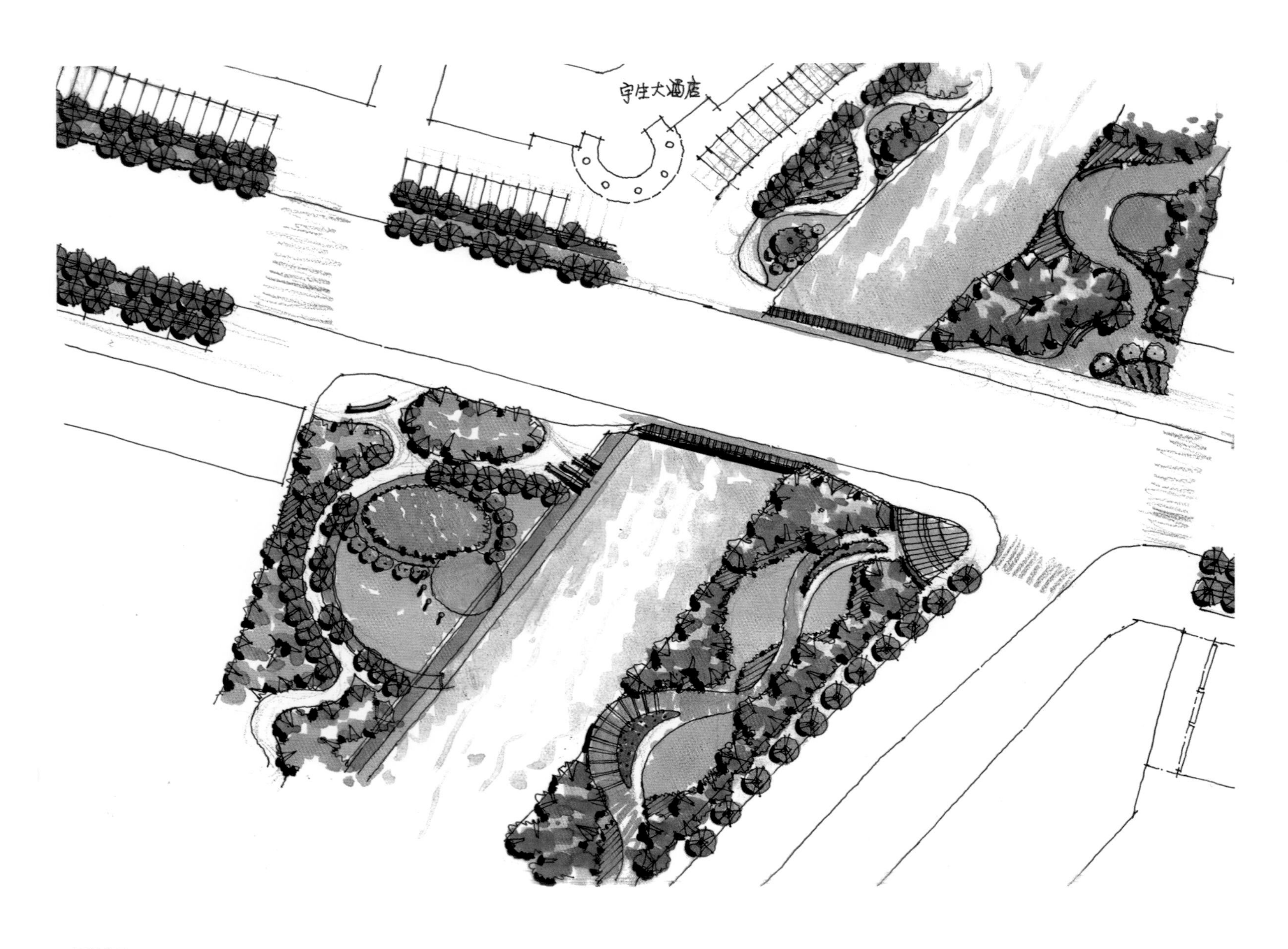

平面图：

硫酸纸平面图上色，公司方案设计常用。硫酸纸具有稀释色彩纯度的性质，有利有弊。优势在于色彩柔和，笔触衔接顺畅，弊端在于明度不易控制。

使用工具：硫酸纸、马克笔。

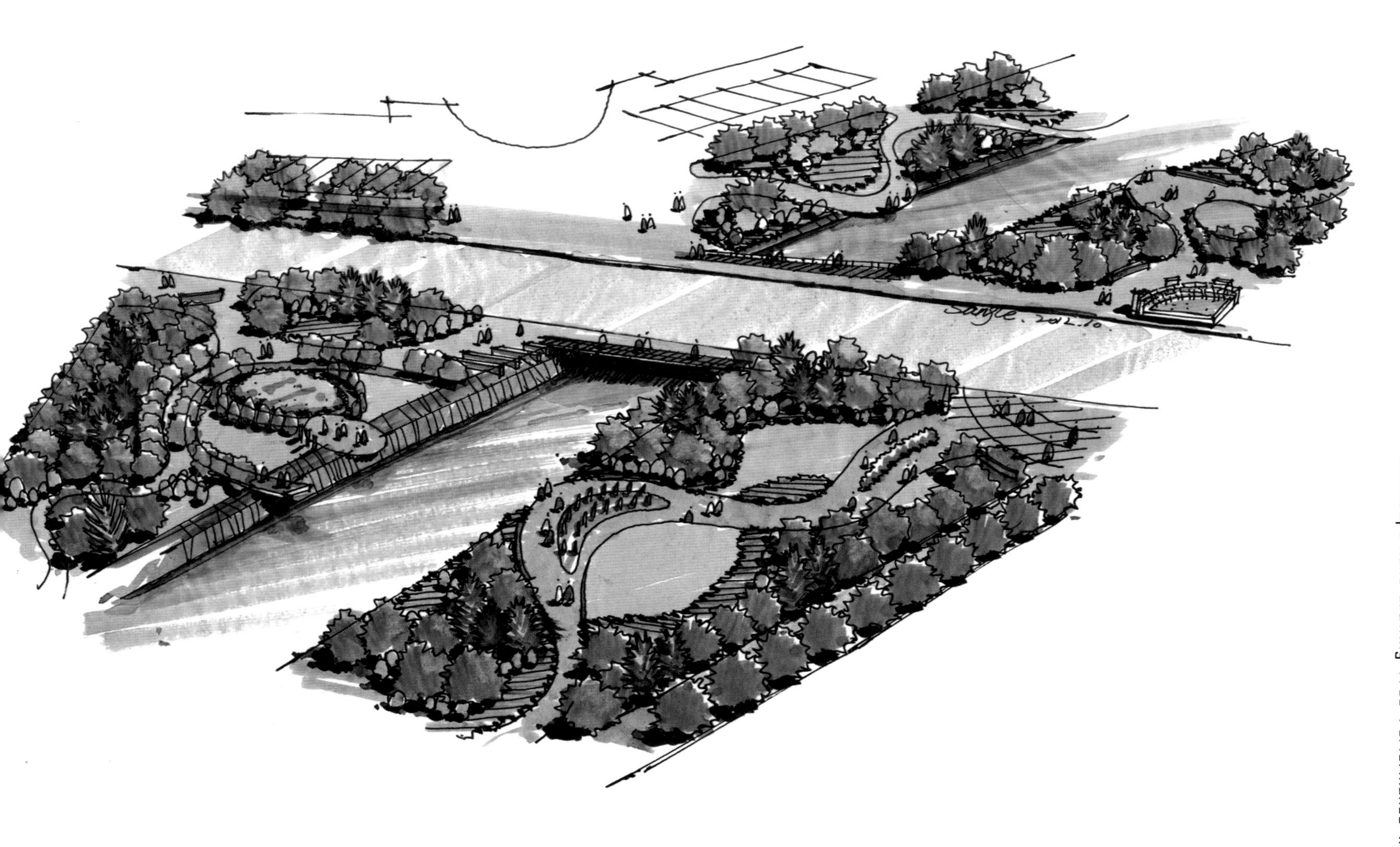

鸟瞰：

轻松而快捷的上色方式，强调出边界，选色时注重色彩的整体明度、纯度关系，平涂也能画出很好的效果。

使用工具： 硫酸纸、马克笔。

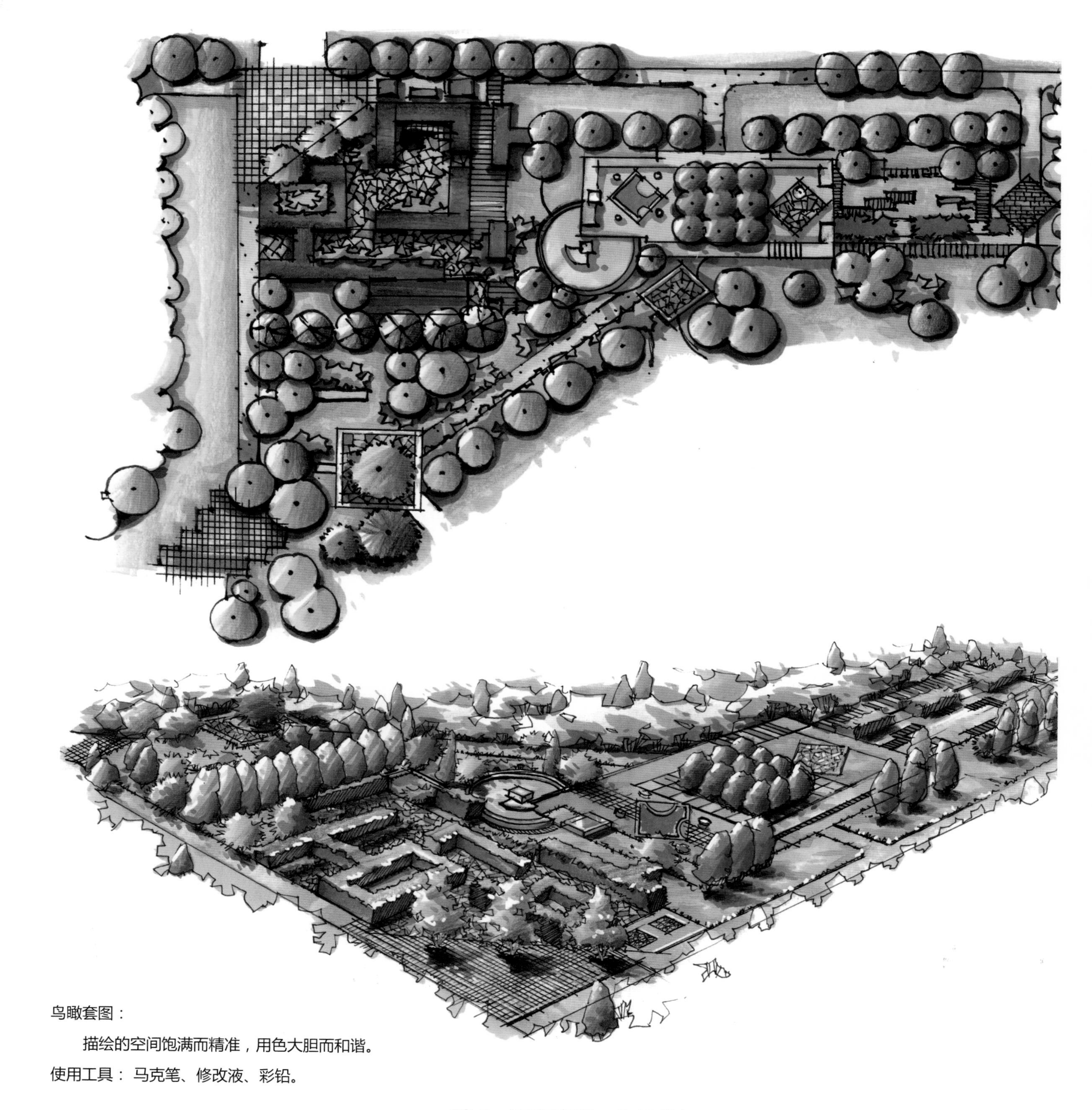

鸟瞰套图：

描绘的空间饱满而精准，用色大胆而和谐。

使用工具：马克笔、修改液、彩铅。

巴黎圣母院：

七分线稿三分色，此作品线稿充分，色彩遍数不宜过多，亮面要留出来，迅速平铺即可。

使用工具： 马克笔、彩铅。

兰特庄园：

繁杂迷离的几何式古典园林在蓝天的映衬下显得气势恢宏。先画鲜绿的亮面，从前往后用色纯度逐渐降低，近景的暗面用纯度低的深绿色，后加入一些深蓝灰，远景用简单的灰黄概括，不显露过于僵硬的笔触，远方的房屋隐隐约约，若隐若现，天空晕染的效果是在上完天蓝色后用酒精溶解而成，溶解时注意要有大小疏密对比。

使用工具： 马克笔、修改液。

伊索拉贝拉庄园：

碧绿的青苔覆满城堡，茂密的树木环绕，整个画面安静，和谐，水面倒影清晰细腻，是马克笔与彩铅结合使用的效果，把水面当成主体来刻画，丰富细腻的笔触营造出静谧庄重的气氛。

使用工具：马克笔、彩铅。

欧洲古典园林一景：

在铺完大色后用油漆笔雕琢植物形态，并强化石材的棱角，水面用改正液画出流动感，彩铅画前景的花丛，繁茂的花朵和灌木丛迎着流动的溪水向上，迎面而来的是古典罗马式雕塑，肃穆静谧。

使用工具： 马克笔、修改液、彩铅。

欧洲古典园林喷泉：

庄严厚重的雕塑喷泉静静地躺在阴郁浓重的树林之下，展现出神秘而沉静的格调，深色部分不能用纯黑色而是在深绿灰的底色上用具有色彩倾向的深蓝，树丛中枝干的形状用半透明的油漆笔画，如果想亮度更高可以重复叠加，水池部分亮色保留，与侧面的重色形成鲜明对比，棕黄色与黄绿、棕红叠加糅合成做旧的效果。

使用工具： 马克笔、彩铅。

凡尔赛花园：

茂密的花团、井然有序的灌木丛让凡尔赛花园充斥着繁荣和欢愉，在硫酸纸上强烈对比色的使用及蓝灰色投影的绘制显示出通透的画面感，作品中蓝色的投影与鲜红的植物形成强烈对比，远景树林是蓝灰绿灰湿接而成。

使用工具：硫酸纸、马克笔、修改液、彩铅。

林大秋日林荫：

橙黄的树叶让整个画面显得平和静谧，平整的道路铺满黄叶，仿佛感受到踩上去吱吱响的感受，秋意盎然，沁人心脾。宣纸具有较强的渗透性，色彩融合能力强，形成染色的独特画面感。

使用工具： 马克笔、宣纸、酒精。

林大夏日林荫：

浓郁的树荫将夏日热情的烈日完全遮挡，在滚烫的地面上留下暗蓝的树荫，几层绿色，尽显夏季的风情，马克笔在宣纸上渲染出柔润的色彩，用改正液和油漆笔画出斑驳树影和树枝。

使用工具： 马克笔、油漆笔、修改液、宣纸。

夏日林荫：

夏日厚重的树荫下强烈的日光从缝隙中穿出的效果需要把顶部重色画到较深，用油漆笔和改正液将光斑有节奏的提取出来，画时注意前后虚实关系和光斑的大小强弱关系。

使用工具： 马克笔、修改液、彩铅。

金秋爬山虎：

赤橙黄绿，生意盎然，在盛秋爬山虎布满古老的房屋墙壁，使人神清气爽，心情爽朗，这是在宣纸上用马克笔、彩铅、油漆笔、酒精等综合工具绘制而成。

使用工具：马克笔、油漆笔、彩铅。

世界末日想象：

黑暗的世界末日，没有一丝生机，船只停靠，房屋废弃，灯楼的一束强烈而刺眼的光芒洒向世间，不知是刺激还是绝望，天空用冷深灰做底色，多种深蓝灰进行叠加而成，此时保留光束的大致形状用亮黄快速扫出，最后用尺子和白笔结合画出强烈光束。

使用工具：马克笔、修改液、彩铅、酒精。

世界末日想象：

依然是停靠的船只和静止的人群，在远处激烈的光线迸发出惨烈的色彩，照亮了世界，但却温暖不了心底凄凉而阴郁的青蓝，天空从中心的鲜艳亮黄色过渡到阴冷的紫色，底部的水用点的方式画出倒影，水的颜色与天空的颜色形成对应关系，逆光的前景需要有留白的亮部和深色的暗部、投影进行衬托。

使用工具：马克笔、油漆笔、彩铅。

雨景：

全幅面只有单调的绿色，却在绿色中有着不同层次的变化，阴雨天气中绿色纯度都偏低，在选笔时选择纯度低的颜色，远景基本没有色彩倾向的天空与近景树的剪影形成强烈的前后对比，统一中有变化，运用丰富的笔触绘制而成，雨水的形态用粗头油漆笔顺着前景的雨水可以多叠加几遍，水花的形状呈蝌蚪形。

使用工具： 马克笔、修改液、油漆笔、酒精。

星月夜：

穿越到凡·高的星空，走进了一个迷幻的世界，迷幻的不仅是街景，树林，天空，还有愉悦却静谧的心境，用马克笔的细头绘制而成，色彩的使用按照明度渐变的关系排布成想要的形状。

使用工具： 马克笔。

花卉技法：

安静的街道没有行人通过，花朵们开心而愉快地盛开着，仿佛全世界只有它们欢快地绽放，将街道衬托得更加安详和谐，绘制天空时要求笔的溶剂量充足，用笔速度快才能不留下明显的笔触感，亮部留出干净的白需要对投影的形状有所讲究，花卉的姿态和笔触可以借鉴国画中的“永字八法”，中间的亮色是用改正液和手指糅和而成。

使用工具：马克笔、修改液、油漆笔。

花卉技法：

纷繁的花朵随着街道的走向而绽放，即使一个人走在街上也不会孤独，因为有花朵的陪伴。花卉亮部需要由深色作为底色，才能发挥改正液勾勒形态的作用。远景处花卉的色彩纯度与其周边环境的色彩纯度一致，衬托出强烈的空间感。

使用工具：马克笔、油漆笔、高光笔、彩铅、酒精。

七手绘—中国反模式化手绘艺术教育首创品牌

编后语

感谢宫晓滨教授为景观篇作序，感谢郑昌辉、彭自新、黄利兵、韩光、孙松林、陈蕊等设计师为本套书提供不同风格的手绘作品。感谢费海玲、杜一鸣
辑为本套丛书的顺利出版提供的帮助与支持。希望本套丛书的面市能为更多的学生、设计师、手绘艺术爱好者提供良好的学习交流机会，同时期盼更多的人
入“七手绘”。本书历经四年的研究与总结，敬希广大读者对本书的不足之处不吝指教，在此谨对为本书提供帮助的朋友们表示诚挚的感谢。

官网：www.7shouhui.com
电话：010-56038965
邮箱：1934361720@qq.com
地址：北京市海淀区清华东路 35 号北京林业大学科技园 202 室